Hunningtu Gongcheng Shigong Jisuan Shili Jingxuan

混凝土工程施工计算实例精选

筑龙网　组编

人民交通出版社

内 容 提 要

本书是《筑龙网建筑工程计算实例精选丛书》的分册之一。全书贯彻国家及行业最新标准规范，从工程技术人员及现场技术操作人员在项目设计、方案编制和现场施工时遇到的实际问题出发，本着简明、实用的原则，将建筑工程中最常用、最基本的计算实例汇编成册，便于读者举一反三，参照使用。书中收录的计算实例系从筑龙资料库和资深专家的投稿中精选而来，不仅具有很强的典型性和实用性，而且经过了众多第一线工程人员的实际检验，是非常难得的技术资料。本书收录了脚手架工程、钢筋工程、模板工程、混凝土工程、预应力混凝土工程、冬季混凝土工程和大体积混凝土工程中的常见工程计算，完整地涵盖了工程计算在混凝土工程中的主要应用领域。

本书可供建筑工程技术人员、管理人员和高级技工使用，也可供各院校相关专业师生参考。

图书在版编目(CIP)数据

混凝土工程施工计算实例精选/筑龙网组编．—北京：
人民交通出版社，2007.7
(筑龙网建筑工程计算实例丛书)
ISBN 978-7-114-06621-4

Ⅰ．混… Ⅱ．筑… Ⅲ．混凝土施工-工程计算 Ⅳ．TU755

中国版本图书馆 CIP 数据核字(2007)第 083730 号

书　　名：混凝土工程施工计算实例精选
著 作 者：筑龙网
责任编辑：高　培
出版发行：人民交通出版社
地　　址：(100011) 北京市朝阳区安定门外外馆斜街 3 号
网　　址：http://www.ccpress.com.cn
销售电话：(010) 85285838，85285995
总 经 销：北京中交盛世书刊有限公司
经　　销：各地新华书店
印　　刷：廊坊市长虹印刷有限公司
开　　本：787×960　1/16
印　　张：8.5
字　　数：152 千
版　　次：2007 年 9 月　第 1 版
印　　次：2007 年 9 月　第 1 次印刷
书　　号：ISBN 978-7-114-06621-4
定　　价：20.00 元

编委会名单

前言

工程计算是建筑工程中的一个核心环节。无论是工程技术人员，还是施工现场操作人员，只有掌握了相关工程的常用计算方法和计算思路，才能够保证工程质量，加快施工进度，降低工程整体成本，保障施工安全，提高工程组织规划和方案编制的合理性。

随着近年来设计水平的提高和工程技术的发展，建筑工程计算作为一个跨学科、高应用性的技术领域也取得了长足的进步：一方面，受益于计算机技术的普及，很多实际计算过程得到了非常有效的简化；另一方面，各种新工艺和新材料的引入，又拓宽了工程计算所涉及的学科和领域，使计算中需要考虑的条件和因素较以往复杂得多。因此，在现有的各种原理性教材和计算手册之外，本领域迫切需要一系列更简明、更便捷、更贴近实际工程、更符合常见应用场景的参考书籍，为工程计算实践提供准确而高效的指引。

作为国内最大的建筑专业技术服务网站，筑龙网为了满足广大工程技术人员的需要，特组织编写了本系列《筑龙网建筑工程计算实例丛书》，按分项工程分册出版。本系列图书贯彻国家及行业最新标准规范，从工程技术人员及现场技术操作人员的实际工程问题出发，本着简明、实用的原则，将建筑工程中最常用、最基本的计算实例汇编成册，便于读者举一反三，参照使用。书中收录的计算实例系从筑龙资料库和资深专家的投稿中精选而来，不仅具有很强的典型性和实用性，而且经过了众多第一线工程人员的实际检验，是非常难得的技术资料。

本书是《筑龙网建筑工程计算实例丛书》的分册之一。全书共分八章，第 1 章简要列举了混凝土工程计算的常用计算单位和换算关系；第 2 章介绍脚手架工程的计算实例；第 3 章介绍钢筋工程计算实例；第 4 章介绍模板工程的计算实例；第 5 章给出混凝土工程常见的计算实例；第 6 章给出预应力混凝土工程计算实例；第 7 章精选了混凝土工程冬期施工中常用的计算；第 8 章通过一个较为详尽的实例介绍了大体积混凝土工程的计算方法。

本书中所采用的实例均从网友们的投稿中精选而来，在征稿和编写过程中得到了广大筑龙网友的积极响应和大力支持，在此表示衷心的感谢。但因编者水平有限，书中内容难免会有缺陷和错误，敬请读者多加批评和指正，以便再版时修订。由于编制时间仓促，未能及时与部分投稿的网友取得联系，请书中的范例投稿者见书后速与筑龙网联系。

编委会

2007 年 5 月

目录

第1章 施工基本计算

1.1 常用计量单位换算

常用计量单位换算关系如表 1-1,1-2,1-3 所示。

1.非法定计量单位与法定计量单位的换算关系表

非法定计量单位与法定计量单位的换算关系表 表 1-1

量得名称	非法定计量单位		法定计量单位		换算关系
	名称	符号	名称	符号	
长度	公尺 公分 公厘	m cm mm	米 厘米 毫米	m cm mm	1m＝100cm＝1000mm 1cm＝10mm
质量	公吨 公斤 克	t kg g	吨 千克 克	t kg g	1t＝1000kg 1kg＝1000g
时间			秒 分 (小)时 (天)日	s min h d	1min＝60s 1h＝60min＝3600s 1d＝24h＝86400s
平面角			弧度 度 (角)分 (角)秒	rad ° ′ ″	1rad＝57.3° 1°＝(π/180)rad (π 是圆周率) 1°＝60′ 1′＝60″
面积			平方米 平方厘米 平方毫米	m^2 cm^2 mm^2	$1m^2=10^4cm^2=10^6mm^2$ $1cm^2=10^2mm^2$

续上表

量得名称	非法定计量单位		法定计量单位		换算关系
	名称	符号	名称	符号	
体积 容积	立米 公升	m^3 L	立方米 升	m^3 L	$1m^3=1000L$
力、重力	千克力 吨力	kgf tf	牛顿 千牛顿	N kN	1kgf=9.80665N
线分布力	千克力每米 吨力每米	kgf/m tf/m	牛顿每米 千牛顿每米	N/m kN/m	1kgf/m=9.80665N/m≈10N/m 1tf/m=9.80665kN/m≈10kN/m
面分布力	千克力每平方米 吨力每平方米	kgf/m^2 tf/m^2	牛顿每平方米 千牛顿每平方米	N/m^2 kN/m^2	$1kgf/m^2=9.80665N/m^2≈10N/m^2$ $1tf/m^2=9.80665kN/m^2≈10kN/m^2$
力矩、弯矩、扭矩	千克力米 吨力米	kgf·m tf·m	牛顿米 千牛顿米	N·m kN·m	1kgf·m=9.80665N·m≈10N·m 1tf·m=9.80665kN·m≈10kN·m
压强 压力 （用于液体）	千克力每平方米	kgf/m^2	帕斯卡	$Pa(N/m^2)$	$1kgf/cm^2=9.80665Pa≈10Pa$
	吨力每平方米	tf/m^2	千帕斯卡	kPa	$1tf/m^2=9.80665kPa≈10kPa$
	标准大气压	atm	帕斯卡	Pa	1atm=101325Pa
	工程大气压	at	帕斯卡	Pa	1at=98066.5Pa
	毫米汞柱	mmHg	帕斯卡	Pa	1mmHg=133.322Pa
	毫米水柱	mmH_2O	帕斯卡	Pa	$1mmH_2O=9.80665Pa≈10Pa$
应力 材料 强度	千克力每平方毫米	kgf/mm^2	兆帕斯卡	MPa (N/mm^2)	$1kgf/mm^2=9.80665MPa≈10MPa$
	千克力每平方厘米	kgf/cm^2	兆帕斯卡	MPa	$1kgf/cm^2=0.0980665MPa≈0.1MPa$
	吨力每平方米	tf/m^2	千帕斯卡	kPa	$1tf/m^2=9.80665kPa≈10kPa$

续上表

量得名称	非法定计量单位		法定计量单位		换算关系
	名称	符号	名称	符号	
弹性剪切压缩模量	千克力每平方厘米	kgf/cm^2	兆帕斯卡	MPa	$1kgf/cm^2=0.0980665MPa\approx0.1MPa$
压缩系数	平方厘米每千克力	cm^2/kgf	每兆帕斯卡	MPa^{-1}	$1cm^2/kgf=(1/0.0980665)MPa^{-1}\approx1/0.1MPa^{-1}$
功能热	千克力米	kgf·m	焦耳	J	1kgf·m=9.80665J≈10J
	吨力米	tf·m	千焦耳	kJ	1tf·m=9.80665kJ≈10kJ
	千瓦小时	kW·h	兆焦耳	MJ	1kW·h=3.6MJ
功率	千克力米每秒	kgf·m/s	瓦特	W	1kgf·m/s=9.80665W≈10W
	千卡每小时	kcal/h	瓦特	W	1kcal/h=1.163W
	米制马力		瓦特	W	1米制马力=735.499W
	锅炉马力		瓦特	W	1锅炉马力=9809.5W
发热量	千卡每立方米	$kcal/m^3$	千焦耳每立方米	kJ/m^3	$1kcal/m^3=4.1868kJ/m^3$
汽化热	千卡每千克	kcal/kg	千焦耳每千克	kJ/kg	1kcal/kg=4.1868kJ/kg
比热容	千卡每千克摄氏度	kcal/kg·℃	千焦耳每千克开尔文	kJ/kg·K	1kcal/kg·℃=4.1868kJ/kg·K
体积热容	千卡每立方米摄氏度	$kcal/m^3·℃$	千焦耳每立方米开尔文	$kJ/m^3·K$	$1kcal/m^3·℃=4.1868kJ/m^3·K$
传热系数	千卡每平方米小时摄氏度	$kcal/m^2·h·℃$	瓦特每平方米开尔文	$W/m^2·K$	$1kcal/m^2·h·℃=1.163W/m^2·K$
导热系数	千卡每米小时摄氏度	kcal/m·h·℃	瓦特每米开尔文	W/m·K	1kcal/m·h·℃=1.163W/m·K
热阻率	米小时摄氏度每千卡	m·h·℃/kcal	米开尔文每瓦特	m·K/W	1m·h·℃/kcal=1.163m·K/W

2. 用于构成十进倍数和分数单位的词头

构成十进倍数和分数单位的词头表 表 1-2

词 头 符 号	词 头 名 称	所表示的因素
E	艾[可萨]	10^{18}
P	拍[它]	10^{15}
T	太[拉]	10^{12}
G	吉[咖]	10^{9}
M	兆	10^{6}
k	千	10^{3}
h	百	10^{2}
da	十	10^{1}
d	分	10^{-1}
c	厘	10^{-2}
m	毫	10^{-3}
μ	微	10^{-6}
n	纳[诺]	10^{-9}
P	皮[可]	10^{-12}
f	飞[母托]	10^{-15}
a	阿[托]	10^{-18}

3. 温度单位换算

温度单位换算表 表 1-3

单 位	开尔文(K)	摄氏度(℃)	华氏度(℉)	列氏度(°R)
开尔文	K	K−273.15	$\frac{9}{5}(K-273.15)+32$	$\frac{4}{5}(K-273.15)$
摄氏度	C+273.15	C	$\frac{9}{5}C+32$	$\frac{4}{5}C$
华氏度	$\frac{5}{9}(F-32)+273.15$	$\frac{5}{9}(F-32)$	F	$\frac{4}{9}(F-32)$
列氏度	$\frac{5}{4}R+273$	$\frac{5}{4}R$	$\frac{9}{4}R+32$	R
冰点	273.15	0	32	0
沸点	273.15	100	212	80

1.2 材料基本性质计算

材料基本性质单位及计算方法如表1-4所示。

材料基本性质、常用名称及符号表 表1-4

名称	符号	公式	常用单位	说明
密度	ρ	$\rho=m/V$	g/cm^3	m:材料干燥状态下的质量(g) V:材料绝对密实状态下的体积(cm^3)
表观密度	ρ_0	$\rho=m/V_1$	g/cm^3 或 kg/cm^3	m:材料干燥状态下的质量(g或kg) V:材料绝对密实状态下的体积(cm^3 或 m^3)
堆积密度	ρ_0'	$\rho=m/V_1'$	kg/cm^3	m:颗粒状材料的质量(kg) V'_1:颗粒状材料在堆积状态下的体积(m^3)
重力密度	γ	$\gamma=G/V_2$ $\gamma=\rho\cdot g$	kN/m^3	G:材料重力(kN) V_2:材料在自然状态下的体积(m^3) g:重力加速度取 $9.8m/s^2$
孔隙率	ξ	$\xi=\frac{V_1-V}{V'}\times100\%$ $=\left(1-\frac{\rho_0}{\rho}\right)\times100\%$	%	密实度 $D=1-\xi$
空隙率	ξ'	$\xi'=\frac{V'_1-V_1}{V'}\times100\%$ $=\left(1-\frac{\rho'_0}{\rho_0}\right)\times100\%$	%	填充率 $D'=1-\xi'$
强度	f	$f=P/A$(抗拉、压、剪) $f=W/M$(抗弯)	MPa(N/mm^2)	P:破坏时的拉(压、剪)力(N) M:抗弯破坏时弯矩(N·mm) A:受力面积(mm^2) W:抗弯截面模量(mm^3)

续上表

名　称	符　号	公　式	常用单位	说　明
含水率	$w_{含}$	$m_{水}/m$	%	$m_{水}$:材料中所含水质量(g) m:材料干燥质量(g)
质量吸水率	$B_{质}$	$B_{质}=\frac{m_1-m}{m}\times 100\%$	%	m:材料干燥质量(g) m_1:材料吸水饱和状态下的质量(g)
体积吸水率	$B_{体}$	$B_{体}=\frac{m_1-m}{V_1}\times 100\%$ $=B_{质}\times\rho_0$	%	V_1:材料在自然状态下的体积(m^3)
密度	ρ	$\rho=m/V$	g/cm^3	m:材料干燥状态下的质量(g) V:材料绝对密实状态下的体积(cm^3)
表观密度	ρ_0	$\rho=m/V_1$	g/cm^3 或 kg/cm^3	m:材料干燥状态下的质量(g 或 kg) V_1:材料绝对密实状态下的体积(cm^3 或 m^3)
堆积密度	ρ'_0	$\rho=m/V'_1$	kg/cm^3	m:颗粒状材料的质量(kg) V'_1:颗粒状材料在堆积状态下的体积(m^3)
重力密度	γ	$\gamma=G/V_2$ $\gamma=\rho\cdot g$	kN/m^3	G:材料重力(kN) V_2:材料在自然状态下的体积(m^3) g:重力加速度取 $9.8m/s^2$
孔隙率	ξ	$\xi=\frac{V_1-V}{V'}\times 100\%$ $=\left(1-\frac{\rho_0}{\rho}\right)\times 100\%$	%	密实度 $D=1-\xi$
空隙率	ξ'	$\xi=\frac{V'_1-V_1}{V'}\times 100\%$ $=\left(1-\frac{\rho'_0}{\rho_0}\right)\times 100\%$	%	填充率 $D'=1-\xi'$
强度	f	$f=P/A$(抗拉、压、剪) $f=W/M$(抗弯)	$MPa(N/mm^2)$	P:破坏时的拉(压、剪)力(N) M:抗弯破坏时弯矩(N·mm) A:受力面积(mm^2) W:抗弯截面模量(mm^3)
含水率	$w_{含}$	$m_{水}/m$	%	$m_{水}$:材料中所含水质量(g) m:材料干燥质量(g)

续上表

名　　称	符　　号	公　　式	常用单位	说　　明
质量吸水率	$B_{质}$	$B_{质}=\frac{m_1-m}{m}\times100\%$	%	m:材料干燥质量(g) m_1:材料吸水饱和状态下的质量(g)
体积吸水率	$B_{体}$	$B_{体}=\frac{m_1-m}{V_1}\times100\%$ $=B_{质}\times\rho_0$	%	V_1:材料在自然状态下的体积(m^3)
软化系数	Ψ	$\Psi=f_1/f_0$		f_1:材料在水饱和状态下的抗压强度(MPa或N/mm^2) f_0:材料在干燥状态下的抗压强度(MPa或N/mm^2)
渗透系数	K	$K=\frac{Qd}{ATH}$	$mL/(cm^2\cdot s)$ 或cm/s	Q:渗水量(mL) d:试件厚度(cm) A:渗水面积(cm^2) T:渗水时间(s) H:水头差(cm)
抗渗等级	Pn	$(n=2,4,6\cdots)$		如$P12$表示在承受最大静水压为1.2MPa的情况下,6个混凝土标准试件经8h作用后,仍有不少于4个试件不渗漏
抗冻等级	Fn	$(n=15,25\cdots)$		材料在-15℃以下冻结,反复冻融后质量损失$\leqslant5\%$,强度损失$\leqslant25\%$的冻融次数。如$F25$表示标准试件能经受冻融次数为25次
导热系数	λ	$\lambda=\frac{Qd}{AT(t_2-t_1)}$	$W/(m\cdot K)$	Q:传导热量(J) λ:物体厚1m,两表面温差1K时,1h通过$1m^2$围护结构表面积的热量
热阻	R	$R=1/U$	$m^2\cdot K/W$	U:传热系数($W/m^2\cdot K$),它表示室外温差为1K时,在1h内通过$1m^2$围护结构表面积的热量。U的倒数为热阻

续上表

名　称	符　号	公　式	常用单位	说　明
比热容	c	$c=\dfrac{Q}{P(t_1-t_2)}$	kJ/(kg・K)	Q:加热于物体所耗热量(kJ) P:材料质量(kg) (t_1-t_2):物体加热前后的温度差(K)
蓄热系数	S	$S=A_q/A_\tau$	W/(m²・K)	S:表面温度波动1℃时，在1h内，1m² 围护结构表面吸收和散发的热量 A_q:热流波幅 A_τ:温度波幅
蒸汽渗透系数	μ		g/(m・h・Pa)	材料厚1m，两侧水蒸气分压力差为1Pa时，1h经过1m² 表面积扩散的水蒸气量
吸声系数	α	$\alpha=\dfrac{E}{E_0}$	%	α:材料吸收声能与入射声能的比值 E:被吸收的声能 E_0:入射声能
热流量	Φ		W	单位时间内通过一个面的热量
热流[量]密度	φ	$\varphi=\dfrac{\Phi}{A}$	W/m²	φ:垂直于热流方向的单位面积的热流量 Φ:热流量(W) A:面积(m²)
热惰性指标	D	$D=R\cdot S$		S:蓄热系数 W/(m²・K) R:热阻(m²・K/W)

第2章 脚手架工程

根据《建筑施工安全检查标准》(JGJ 59—99)对外脚手架的规定,应逐步淘汰毛竹脚手架,积极推广扣件式钢管脚手架。《建筑施工扣件式钢管脚手架安全技术规范》(JGJ 130—2001)对扣件式钢管脚手架的设计原则和计算方法都作了规定。

扣件式钢管脚手架具有节约木材、经久耐用、装拆方便、连接牢固、强度高、稳定性好等优点,是国内应用最为广泛的脚手架之一。

扣件式钢管脚手架主要由钢管和扣件组成。脚手架的搭设,根据使用不同,分为单排、双排、满堂红等数种。钢管规格一般采用外径 48mm、壁厚 3.5mm 的焊接钢管,或外径 51mm、壁厚 3～4mm 的无缝钢管。整个脚手架系统则由立杆、小横杆、大横杆、剪刀撑、拉撑件、脚手板以及连接它们的扣件组成。立杆用对接扣件连接,纵向设大横杆连接,与立杆用直角扣件或回转扣件连接,并设适当斜杆以增强稳定性。在顶部横杆上设小横杆,上铺脚手板(见钢管脚手架简图 2-1)。一般建筑扣件式钢管脚手架的构造参数见表 2-1。

扣件式钢管脚手架构造参数表(单位:m)　　表 2-1

<table>
<tr><td>项　目</td><td rowspan="2">构造形式</td><td colspan="3">立　　杆</td><td rowspan="2">大横杆步距</td><td rowspan="2">操作层小横杆间距</td><td rowspan="2">剪　刀　撑</td><td rowspan="2">连墙杆</td></tr>
<tr><td></td><td>内立杆离墙距离</td><td>横距</td><td>纵距</td></tr>
<tr><td rowspan="2">砌筑</td><td>单排</td><td>—</td><td>1.0～1.5</td><td>1.4～2.0</td><td>1.6～1.8</td><td>0.67</td><td rowspan="4">设置位置:
(1)两端双跨内;
(2)中间每隔 30m 净距双跨内;
(3)设在外侧于地面成 45°角</td><td rowspan="4">每隔 3 步 5 跨设置一根</td></tr>
<tr><td>双排</td><td>0.5</td><td>1.0～1.5</td><td>1.4～2.0</td><td>1.6～1.8</td><td>0.7～1.0</td></tr>
<tr><td rowspan="2">装修</td><td>单排</td><td>—</td><td>1.0～1.5</td><td>1.4～2.0</td><td>1.6～1.8</td><td>0.7～1.0</td></tr>
<tr><td>双排</td><td>0.5</td><td>1.0～1.5</td><td>1.4～2.0</td><td>1.6～1.8</td><td>0.7～1.0</td></tr>
</table>

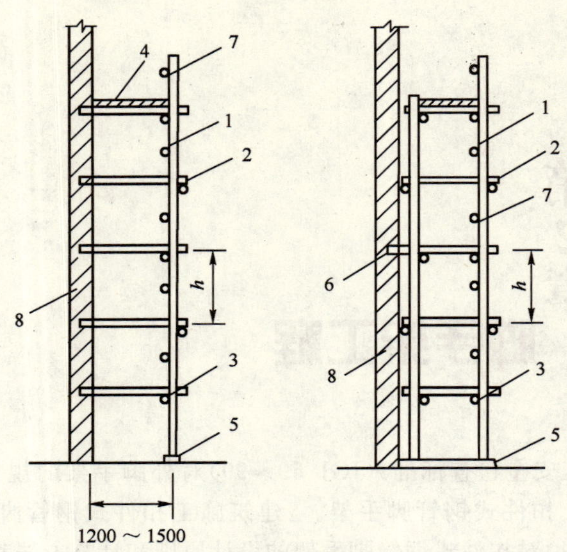

图 2-1　钢管脚手架简图(尺寸单位:mm)

1-立杆;2-小横杆;3-大横杆;4-脚手板;5-垫木;6-拉撑杆;7-栏杆;8-墙身

2.1　扣件式钢管脚手架荷载与整体稳定性计算

2.1.1　工程概况

某商住综合楼工程为框架剪力墙结构,建筑物总高 54.2m,标准层高 3m。采用悬挑式扣件钢管脚手架,钢管脚手架的计算参照《建筑施工扣件式钢管脚手架安全技术规范》(JGJ 130—2001)。

1.荷载传递程序

脚手板→小横杆→大横杆→立杆→底座→地基

2.参数信息

计算的脚手架为双排脚手架,搭设高度为 10.8m,立杆采用单立管。

搭设尺寸为:立杆的纵距 l_a=1.10m,立杆的横距 l_b=1.05m,步距 h=1.80m。

采用的钢管类型为 $\phi48\times3.2$,连墙件采用 2 步 2 跨,竖向间距 3.60m,水平间距 2.20m。

施工均布荷载为 2.0kN/m²,同时施工 1 层,脚手板共铺设 2 层。

悬挑水平钢梁采用[12.6 号槽钢 U 口水平,其中建筑物外悬挑段长度 1.50m,建筑物内锚固段长度 1.50m。悬挑水平钢梁采用钢丝绳与建筑物拉结,最外面钢丝绳距离建筑物 1.30m。

2.1.2　小横杆的计算

小横杆按照简支梁进行强度和挠度计算，计算简图见 2-2，大横杆在小横杆的上面。用大横杆支座的最大反力计算值，在最不利荷载布置下计算小横杆的最大弯矩和变形。

1. 荷载值计算

荷载值的计算见表 2-2。

荷载计算参数表　　表 2-2

大横杆的自重荷载标准值	$p_1=0.038\times1.100=0.042$kN
脚手板的荷载标准值	$p_2=0.150\times1.050\times1.100/3=0.058$kN
活荷载标准值	$Q=2.000\times1.050\times1.100/3=0.770$kN
荷载的计算值	$p=1.2\times0.042+1.2\times0.058+1.4\times0.770$ $=1.198$kN
材料弹性模量	$E=2.060\times10^5\,\text{N/mm}^2$
材料截面惯性矩	$I=11.351\times10^4\,\text{mm}^4$

2. 抗弯强度计算

(1)最大弯矩考虑为小横杆自重均布荷载与荷载的计算值最不利分配的弯矩和。

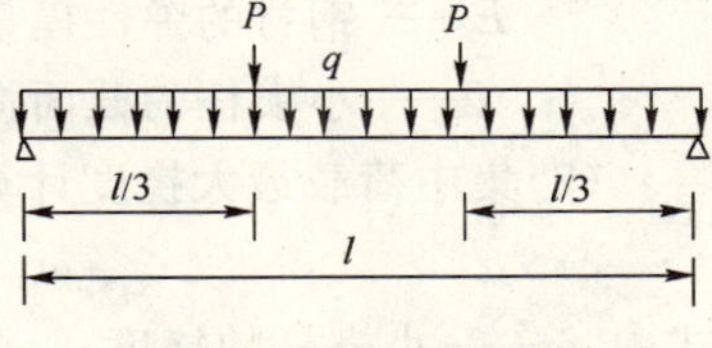

图 2-2　小横杆计算简图

①均布荷载最大弯矩计算公式如下：

$$M_{\text{qmax}} = ql^2/8$$

式中：M_{qmax}——最大弯矩；

q——脚手板作用在小横杆上的荷载，即传给小横杆的支座反力，如有集中荷载作用，则分别进行计算后再叠加；

l——小横杆的计算跨度。

②集中荷载最大弯矩计算公式如下：

$$M_{\text{pmax}} = pl/3$$

式中：M_{pmax}——集中荷载最大弯矩；

p——荷载的计算值；

l——小横杆的计算跨度。

$$M = M_{\text{qmax}} + M_{\text{pmax}}$$
$$= (1.2\times0.038)\times1.050^2/8+1.198\times1.050/3=0.426(\text{kN}\cdot\text{m})$$

(2)小横杆按简支梁计算。按实际堆放位置的标准计算其最大弯矩，其弯曲强度可按下式计算：

$$\sigma = \frac{M}{W} \leqslant f$$

式中：σ——小横杆的弯曲应力；

M——小横杆计算的最大弯矩；

W——小横杆的净截面抵抗矩 $4.729 \times 10^3 \text{mm}^3$；

f——钢管的抗弯、抗压强度设计值，$f=205\text{N/mm}^2$。

$$\sigma = M_{max}/W = 0.426 \times 10^6/4.729 \times 10^3 = 90.008(\text{N/mm}^2)$$

小横杆的计算强度小于标准值 205.0N/mm^2，满足《建筑施工扣件式钢管脚手架安全技术规范》(JGJ 130—2001)的安全要求。

3. 挠度计算

最大挠度考虑为小横杆自重均布荷载与荷载的计算值最不利分配的挠度和。

(1)均布荷载最大挠度计算公式如下：

$$\omega_{qmax} = 5ql^4/384EI$$

式中：ω_{qmax}——小横杆的挠度；

q——脚手板作用在小横杆上的等效均布荷载；

l——小横杆的跨度；

E——钢材的弹性模量；

I——小横杆的截面惯性矩。

(2)集中荷载最大挠度计算公式如下：

$$\omega_{pmax} = pl(3l^2 - 4l^2/9)/72EI$$

式中：ω——小横杆的挠度；

p——集中荷载标准值；

l——小横杆的跨度；

E——钢材的弹性模量；

I——小横杆的截面惯性矩。

(3)小横杆自重均布荷载引起的最大挠度

$$\omega_1 = 5.0 \times 0.038 \times 1050.00^4/(384 \times 2.060 \times 10^5 \times 11.351 \times 10^4) = 0.03(\text{mm})$$

(4)集中荷载标准值

$$p = p_1 + p_2 + Q = 0.042 + 0.058 + 0.770 = 0.870(\text{kN})$$

集中荷载标准值最不利分配引起的最大挠度

$$\begin{aligned}\omega_2 &= 870.0 \times 1050.0 \times (3 \times 1050.0^2 - 4 \times 1050.0^2/9)/ \\ &\quad (72 \times 2.060 \times 10^5 \times 11.351 \times 10^4) \\ &= 1.529(\text{mm})\end{aligned}$$

(5)最大挠度和

$$\omega = \omega_1 + \omega_2 = 0.03 + 1.529 = 1.559(\text{mm})$$

按 JGJ 130—2001 要求,挠度不应超过 l1150 或 10mm。小横杆的最大挠度小于 1050.0/150 或 10mm。满足《建筑施工扣件式钢管脚手架安全技术规范》(JGJ 130—2001)的安全要求。

2.1.3 大横杆的计算

大横杆按照三跨连续梁进行强度和挠度计算,大横杆在小横杆的上面。按照大横杆上面的脚手板和活荷载作为均布荷载计算大横杆的最大弯矩和变形,计算荷载简图见图 2-3,2-4。

1. 均布荷载值计算

均布荷载的计算见表 2-3。

荷载计算参数表 表 2-3

大横杆的自重荷载标准值	$p_1=0.038\text{kN/m}$
脚手板的荷载标准值	$p_2=0.150\times1.050/3=0.052\text{kN/m}$
活荷载标准值	$Q=2.000\times1.050/3=0.700\text{kN/m}$
静荷载的计算值	$q_1=1.2\times0.038+1.2\times0.052=0.109\text{kN/m}$
活荷载的计算值	$q_2=1.4\times0.700=0.980\text{kN/m}$
材料弹性模量	$E=2.060\times10^5\text{N/mm}^2$
材料截面惯性矩	$I=11.351\times10^4\text{mm}^4$

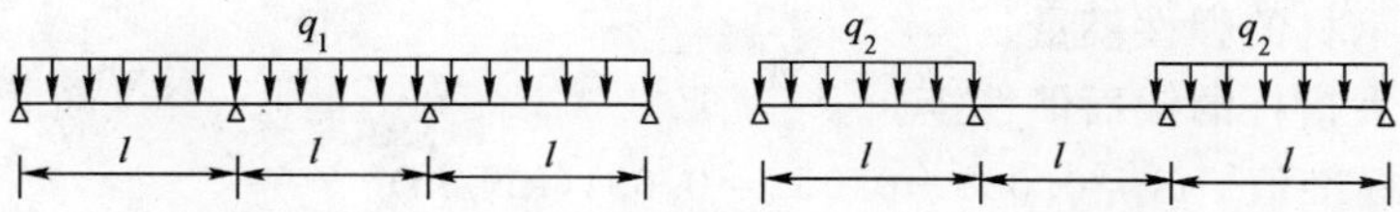

图 2-3 大横杆计算荷载组合简图(跨中最大弯矩和跨中最大挠度)

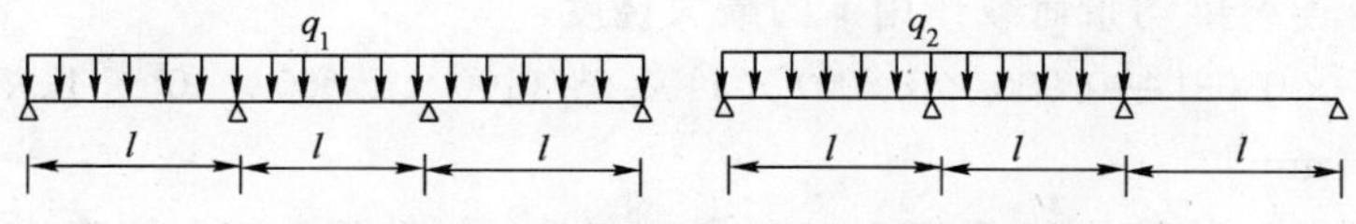

图 2-4 大横杆计算荷载组合简图(支座最大弯矩)

2. 抗弯强度计算

(1)最大弯矩考虑为三跨连续梁均布荷载作用下的弯矩。

①跨中最大弯矩计算公式如下:

$$M_{1\max}=0.08q_1l_a^2+0.10q_2l_a^2$$

跨中最大弯矩为：

$$M_1=(0.08\times0.109+0.10\times0.980)\times1.100^2=0.129(\text{kN}\cdot\text{m})$$

②支座最大弯矩计算公式如下：

$$M_{2\max}=-0.10q_1l_a^2-0.117q_2l_a^2$$

支座最大弯矩为：

$$M_2=-(0.10\times0.109+0.117\times0.980)\times1.100^2=-0.152(\text{kN}\cdot\text{m})$$

(2)我们选择支座弯矩和跨中弯矩的最大值进行强度验算：

$$\sigma=M_{\max}/W=0.152\times10^6/4.729\times10^3=32.129(\text{N/mm}^2)<205.0\text{N/mm}^2$$

式中：σ——大横杆的弯曲应力；

$M_{\max}$——大横杆计算的最大弯矩；

W——大横杆的净截面抵抗矩；

f——钢管的抗弯、抗压强度设计值，$f=205\text{N/mm}^2$。

大横杆的计算强度小于标准值 205.0N/mm²，满足规范《建筑施工扣件式钢管脚手架安全技术规范》(JGJ 130—2001)的安全要求。

3.挠度计算

(1)最大挠度考虑为三跨连续梁均布荷载作用下的挠度。

计算公式如下：

$$\omega_{\max}=0.677q_1l_a^4/100EI+0.990q_2l_a^4/100EI$$

式中：ω——大横杆的挠度；

q——脚手板作用在大横杆上的等效均布荷载；

l——大横杆的跨度；

E——钢材的弹性模量；

I——大横杆的截面惯性矩。

静荷载标准值　$q_1=0.038+0.052=0.091(\text{kN/m})$

活荷载标准值　$q_2=0.700\text{kN/m}$

(2)三跨连续梁均布荷载作用下的最大挠度

$$\omega=(0.677\times0.091+0.990\times0.700)\times1100.0^4/(100\times2.060\times10^5\times11.351\times10^4)$$
$$=0.472(\text{mm})$$

按规范要求，挠度不应超过 $l/150$ 或 10mm。大横杆的最大挠度小于 1100.0/150 或 10mm。满足《建筑施工扣件式钢管脚手架安全技术规范》(JGJ 130—2001)的安全要求。

2.1.4　立杆的稳定性计算

1.不考虑风荷载时，立杆的稳定性计算

$$\sigma = N/\varphi A \leqslant [f]$$

式中：N——立杆的轴心压力设计值，$N=3.64\text{kN}$；

φ——轴心受压立杆的稳定系数，由长细比 l_0/i 的结果查表得到 0.19；

i——计算立杆的截面回转半径，查表 $i=1.59\text{cm}$；

l_0——计算长度 m，由公式 $l_0=\text{kuh}$ 确定，$l_0=3.12\text{m}$；

k——计算长度附加系数，取 1.155；

u——计算长度系数，由脚手架的高度确定，$u=1.50$；

A——立杆净截面面积，$A=4.50\text{cm}^2$；

σ——钢管立杆受压强度计算值，N/mm^2，经计算得到 $\sigma=43.07\text{N/mm}^2$；

$[f]$——钢管立杆抗压强度设计值，$[f]=205.00\text{N/mm}^2$。

不考虑风荷载时，立杆的稳定性计算 $\sigma<[f]$，满足《建筑施工扣件式钢管脚手架安全技术规范》(JGJ 130—2001)的安全要求。

2. 考虑风荷载时，立杆的稳定性计算

$$\sigma = N/\varphi A + M_W/W \leqslant [f]$$

式中：N——立杆的轴心压力设计值，$N=3.40\text{kN}$；

φ——轴心受压立杆的稳定系数，由长细比 l_0/i 的结果查表得到 0.19；

i——计算立杆的截面回转半径，$i=1.59\text{cm}$；

l_0——计算长度，m 由公式 $l_0=\text{kuh}$ 确定，$l_0=3.12\text{m}$；

k——计算长度附加系数，取 1.155；

u——计算长度系数，由脚手架的高度确定，$u=1.50$；

A——立杆净截面面积，$A=4.50\text{cm}^2$；

W——立杆净截面模量（抵抗矩），$W=4.73\text{cm}^3$；

M_W——计算立杆段由风荷载设计值产生的弯矩，$M_W=0.594\text{kN}\cdot\text{m}$；

σ——钢管立杆受压强度计算值，N/mm^2，经计算得到 $\sigma=165.71\text{N/mm}^2$；

$[f]$——钢管立杆抗压强度设计值，$[f]=205.00\text{N/mm}^2$。

考虑风荷载时，立杆的稳定性计算 $\sigma<[f]$，满足《建筑施工扣件式钢管脚手架安全技术规范》(JGJ 130—2001)的安全要求。

2.1.5 脚手架立杆底座和地基承载力验算

脚手架计算除进行大小横杆的强度、挠度、立杆的稳定性和脚手架的整体稳定性验算外，还应对立杆底座和地基承载力按下列公式进行验算：

(1)立杆底座验算：

$$N \leqslant R_d$$

(2)立杆地基承载力验算：

$$N/A_d \leqslant K \cdot f_K$$

式中：N——脚手杆立杆传至基础顶面的轴心力设计值；

R_d——底座承载力（抗压）设计值，一般取40kN；

A_d——立杆基础的计算底面积，可按以下情况确定：

①仅有立杆支座（直座直接放于地面上）时，A_d 取支座板的底面积；

②在支座下设有厚度为50mm～60mm的木垫板（或木脚手板），则 $A_d = a \times b$（a 和 b 为垫板的两个边长，且不小200mm），当 A_d 的计算值大于 $0.25m^2$ 时，则取 $0.25m^2$ 计算；

③在支座下采用枕木作垫木时，A_d 按枕木的底面积计算；

④当一块垫板或垫木上支承2根以上立杆时，$A_d = 1/n \times a \times b$（$n$ 为立杆数），且用木垫板应符合(2)的取值规定。

K——调整系数，碎石土、砂土、回填土取0.4；黏土取0.5；岩石、混凝土取1.0；

f_K——地基承载力标准值，按《建筑地基基础设计规范》(GB 50007—2002)确定地基土承载力设计值；

$$f_K = \varphi_f \times f_0$$

式中：f_K——地基承载力标准值；

f_0——地基承载力基本值；

φ_f——回归修正系数，φ_f 值按下式计算：

$$\varphi_f = 1 - \left(\frac{2.884}{\sqrt{n}} + \frac{7.918}{\sqrt{n^2}}\right)\delta$$

式中：n——据以查表的土性指标参加统计的数据数，$n \geqslant 6$；

δ——变异系数，可按以下所述计算：

①当仅用一个指标查表确定地基承载力基本值时，其变异系数按下式计算：

$$\delta = \frac{\sigma}{\mu}$$

$$\mu = \frac{\sum_{i=1}^{n} \mu_i}{n}$$

$$\sigma = \sqrt{\frac{\sum_{i=1}^{n} \mu_i^2 - n\mu^2}{n-1}}$$

式中：μ——据以查表的某一土性指标试验Y均值；

σ——土性指标标准差。

②当用两个指标来查表确定地基承载力基本值时，变异系数应按下式计算：

$$\delta = \delta_1 + \xi\delta_2$$

式中：δ_1——第一指标的变异系数；

δ_2——第二指标的变异系数；

ξ——第二指标的折算系数，当回归修正系数 $\varphi_f<0.75$ 时，应分析 δ 过大的原因，例如分层是否合理，是否有差错等，并应同时增加试验数量。

本工程按照设计单位给出的数据进行施工。

2.1.6 连墙件的计算

1. 连墙件的轴向力计算值应按照下式计算：

$$N_1=N_{1w}+N_0$$

式中：N_{1w}——风荷载产生的连墙件轴向力设计值(kN)，

$$N_{1w}=1.4\times W_k\times A_W;$$

W_k——风荷载基本风压标准值，$W_k=1.399\text{kN/m}^2$；

A_W——每个连墙件的覆盖面积内脚手架外侧的迎风面积，$A_W=3.60\times2.20=7.920(\text{m}^2)$；

N_0——连墙件约束脚手架平面外变形所产生的轴向力，kN，$N_0=5.000\text{kN}$；

经计算得到

$N_{1w}=15.517\text{kN}$，连墙件轴向力计算值 $N_1=20.517\text{kN}$

连墙件轴向力设计值：

$$N_f=\varphi A[f]$$

式中：φ——轴心受压立杆的稳定系数，由长细比 $l/i=20.00/1.59$ 的结果查表得到 $\varphi=0.97$；$A=4.50\text{cm}^2$；$[f]=205.00\text{N/mm}^2$。

经过计算得到：

$$N_f=89.359\text{kN}$$

$N_f>N_1$，连墙件的设计计算满足规范的安全要求。

2. 连墙件采用扣件与墙体连接。经过计算得到 $N_1=20.517\text{kN}$ 大于扣件的抗滑力 8.0kN，不满足要求！故采用两道连墙杆双扣件连接(双扣件在 20kN 的荷载下会滑动，其抗滑承载力可取 12.0kN)，节点图见图 2-5。

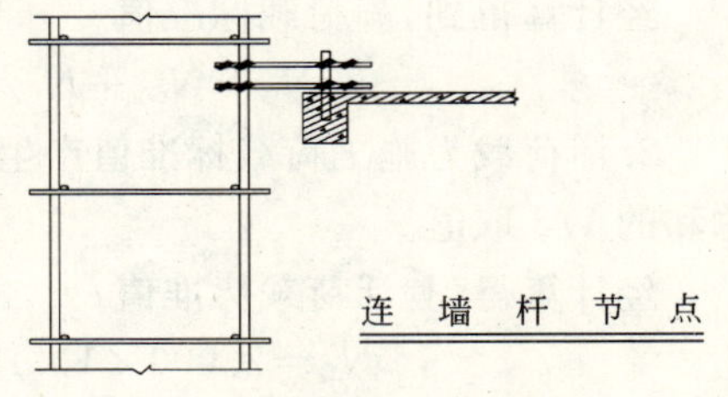

图 2-5 连墙杆节点图

2.1.7 扣件抗滑力的计算

1. 纵向或横向水平杆与立杆连接时，扣件的抗滑承载力按照下式计算

$$R\leqslant R_c$$

式中：R_c——扣件抗滑承载力设计值，取 8.0kN；

R——纵向或横向水平杆传给立杆的竖向作用力设计值。

2. 荷载值计算

横杆的自重标准值　$p_1=0.038\times1.050=0.040$(kN)

脚手板的荷载标准值　$p_2=0.150\times1.050\times1.100/2=0.087$(kN)

活荷载标准值　$Q=2.000\times1.050\times1.100/2=1.155$(kN)

荷载的计算值　$R=1.2\times p_1+1.2\times p_2+1.4\times Q=1.2\times0.040+1.2\times0.087+1.4\times1.155=1.769(\text{kN})<8\text{kN}$

单扣件抗滑承载力的设计计算满足规范的安全要求。

当直角扣件的拧紧力矩达 40～65N·m 时,试验表明:单扣件在 12kN 的荷载下会滑动,其抗滑承载力可取 $R_c=8.0$kN;双扣件在 20kN 的荷载下会滑动,其抗滑承载力可取 12.0kN。

2.1.8　脚手架荷载标准值计算

1. 作用于脚手架的荷载包括静荷载、活荷载和风荷载。

静荷载标准值包括以下内容:

(1)每米立杆承受的结构自重标准值(kN/m),本工程计算为 0.1161;

$$N_{G1}=0.116\times10.800=1.254(\text{kN})$$

(2)脚手板的自重标准值(kN/m^2),本工程计算采用竹笆片脚手板,标准值为 0.15;

$$N_{G2}=0.150\times2\times1.100\times(1.050+0.200)/2=0.206(\text{kN})$$

(3)栏杆与挡脚手板自重标准值(kN/m),本工程计算采用栏杆、竹笆片脚手板挡板,标准值 0.15;

$$N_{G3}=0.150\times1.100\times2/2=0.165(\text{kN})$$

(4)吊挂的安全设施荷载,包括安全网(kN/m^2),标准值为 0.005;

$$N_{G4}=0.005\times1.100\times10.800=0.059(\text{kN})$$

经计算得到,静荷载标准值

$$N_G=N_{G1}+N_{G2}+N_{G3}+N_{G4}=1.685(\text{kN})$$

2. 活荷载为施工荷载标准值产生的轴向力总和,内、外立杆按一纵距内施工荷载总和的 1/2 取值。

经计算得到,活荷载标准值

$$N_Q=2.000\times1\times1.100\times1.050/2=1.155(\text{kN})$$

3. 风荷载标准值应按照以下公式计算。

$$W_k=0.7\mu_z\cdot\mu_s\cdot W_0$$

式中:W_k——风荷载标准值,kN/m^2;

W_0——基本风压,kN/m^2,按照《建筑结构荷载规范》(GB 50009—2001)的规

定采用：$W_0=0.700$；

μ_z——风荷载高度变化系数，按照《建筑结构荷载规范》(GB 50009—2001)的规定采用：$\mu_z=2.380$；

μ_s——风荷载体型系数，$\mu_s=1.200$。

经计算得到，风荷载标准值

$$W_k=0.7\times0.700\times2.380\times1.200=1.399(\text{kN/m}^2)$$

考虑风荷载时，立杆的轴向压力设计值计算公式

$$N=1.2N_G+0.85\times1.4N_Q$$

风荷载设计值产生的立杆段弯矩 M_W 计算公式

$$M_W=0.85\times1.4W_k l_a h^2/10$$

式中：W_k——风荷载基本风压标准值，kN/m²；

l_a——立杆的纵距，m；

h——立杆的步距，m。

2.1.9 悬挑梁的受力计算

悬挑脚手架的水平钢梁按照带悬臂的连续梁计算。悬臂部分脚手架荷载 N 的作用，里端 B 为与楼板的锚固点，A 为墙支点。

1. 本工程中，脚手架排距为 1050mm，内侧脚手架距离墙体 200mm，支拉斜杆的支点距离墙体 1300mm。悬挑脚手架示意图见图 2-6，计算简图见图 2-7。水平支撑梁的截面惯性矩 $I=391.50\text{cm}^4$，截面抵抗矩 $W=62.14\text{cm}^3$，截面积 $A=15.69\text{cm}^3$。

2. 受脚手架集中荷载 $p=1.2\times1.69+1.4\times1.16=3.64(\text{kN})$

水平钢梁自重荷载 $q=1.2\times15.69\times0.0001\times7.85\times10=0.15(\text{kN/m})$

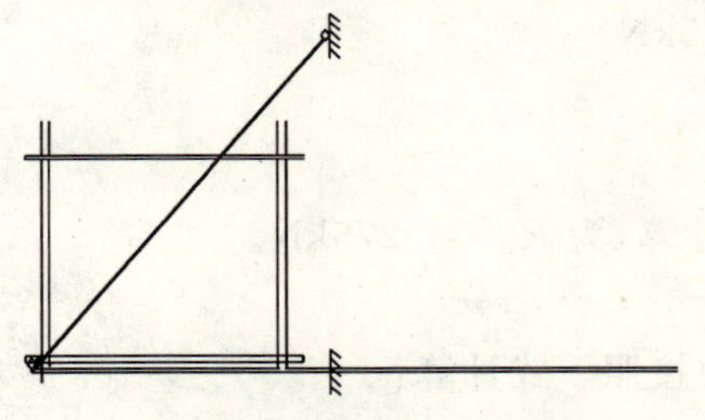

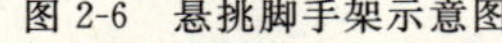

图 2-6 悬挑脚手架示意图

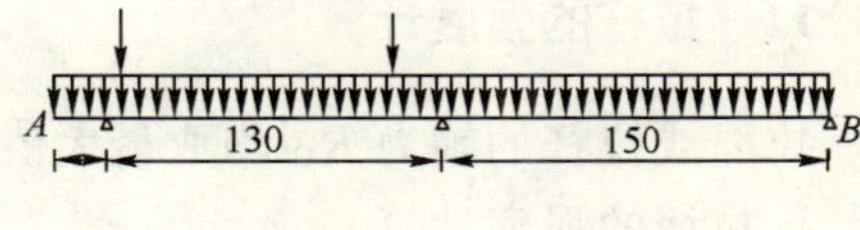

图 2-7 悬挑脚手架计算简图(尺寸单位：cm)

3. 经过连续梁的计算得到

(1)各支座对支撑梁的支撑反力由左至右分别为：

$R_1=3.923\text{kN}$

$R_2=3.915\text{kN}$

$R_3=-0.117\text{kN}$

(2)最大弯矩 $M_{max}=0.370\text{kN}\cdot\text{m}$,见图 2-8,图 2-9。悬挑脚手架支撑梁变形图见图 2-10。

4. 抗弯计算强度

$$f=M/1.05W+N/A$$
$$=0.370\times10^6/(1.05\times62140.0)+1.700\times1000/1569.0$$
$$=6.755(\text{N/mm}^2)$$

水平支撑梁的抗弯计算强度小于 205.0N/mm²,满足规范的安全要求。

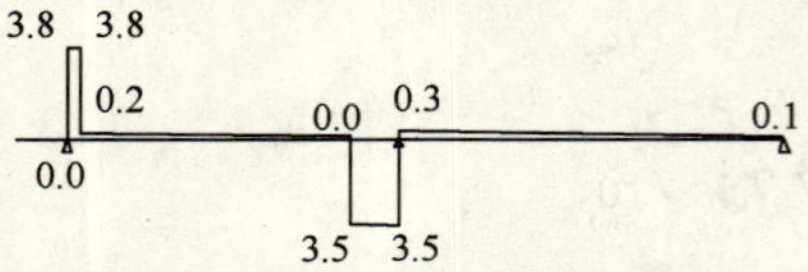

图 2-8 悬挑脚手架支撑梁剪力图(kN)

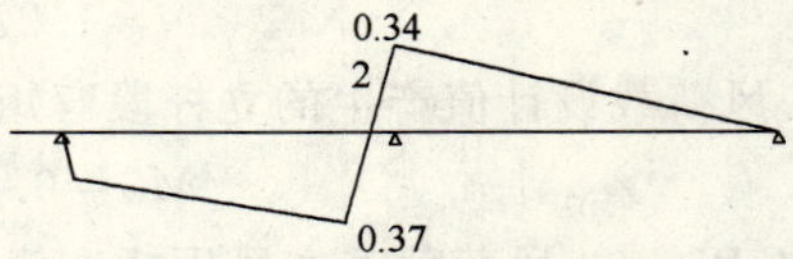

图 2-9 悬挑脚手架支撑梁弯矩图(kN·m)

2.1.10 拉杆的受力计算

1. 水平钢梁的轴力 R_{AH} 和拉钢绳的轴力 R_{Ui} 按照下面计算:

$$R_{AH}=\sum_{i=1}^{n}R_{Ui}\cos\theta_i$$

式中:$R_{Ui}\cos\theta_i$ 为钢绳的拉力对水平杆产生的轴压力。

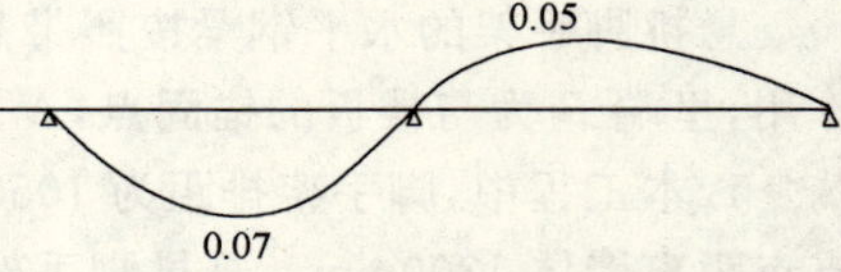

图 2-10 悬挑脚手架支撑梁变形图(mm)

2. 各支点的支撑力:

$$R_{Ci}=R_{Ui}\sin\theta_i$$

3. 按照以上公式计算得到由左至右各钢绳拉力为

$$R_{U1}=4.275\text{kN}$$

2.1.11 拉杆的强度计算

拉绳或拉杆的轴力 R_U 均取最大值进行计算,为 $R_U=4.275\text{kN}$。

1. 拉绳的强度计算

如果上面采用钢丝绳,钢丝绳的容许拉力按照下式计算:

$$[F_g]=\alpha F_g/K$$

式中:$[F_g]$——钢丝绳的容许拉力,kN;

F_g——钢丝绳的钢丝破断拉力总和,kN;

α——钢丝绳之间的荷载不均匀系数,对 6×19、6×37、6×61 钢丝绳分别取 0.85、0.82 和 0.8;

K——钢丝绳使用安全系数,取 8.0。

选择拉钢丝绳的破断拉力要大于 8.000×4.275/0.820=41.712(kN)。

选择 6×37+1 钢丝绳,钢丝绳公称抗拉强度 1550MPa,直径 8.7mm。

2. 钢丝拉绳的吊环强度计算

钢丝拉绳的轴力 R_U 我们均取最大值进行计算作为吊环的拉力 N,为

$$N=R_U=4.275\text{kN}$$

钢丝拉绳的吊环强度计算公式为

$$\sigma=N/A\leqslant[f]$$

式中:$[f]$为吊环抗拉强度,取$[f]=50\text{N/mm}^2$,每个吊环按照两个截面计算。

所需要的钢丝拉绳的吊环最小直径:

$$D=[4275\times4/(3.1416\times50\times2)]^{1/2}=8(\text{mm})$$

2.1.12　锚固段与楼板连接的计算

1. 水平钢梁与楼板压点如果采用钢筋拉环,拉环强度计算如下:

(1)水平钢梁与楼板压点的拉环受力 $R=3.915\text{kN}$。

(2)水平钢梁与楼板压点的拉环强度计算公式为

$$\sigma=N/A\leqslant[f]$$

式中:$[f]$为拉环钢筋抗拉强度,每个拉环按照两个截面计算,按照《混凝土结构设计规范》(GB 50010—2002)10.9.8$[f]=50\text{N/mm}^2$;

所需要的水平钢梁与楼板压点的拉环最小直径 $D=[3915\times4/(3.1416\times50\times2)]^{1/2}=8(\text{mm})$。

水平钢梁与楼板压点的拉环一定要压在楼板下层钢筋下面,并要保证两侧 30cm 以上搭接长度。

2. 水平钢梁与楼板压点如果采用螺栓,螺栓粘结力锚固强度计算如下:

锚固深度计算公式

$$h\geqslant N/\pi d[f_b]$$

式中:N——锚固力,即作用于楼板螺栓的轴向拉力,$N=3.91\text{kN}$;

d——楼板螺栓的直径,$d=20\text{mm}$;

$[f_b]$——楼板螺栓与混凝土的容许粘接强度,计算中取 1.5N/mm^2;

h——楼板螺栓在混凝土楼板内的锚固深度,经过计算得到 h 要大于 $3914.53/(3.1416\times20\times1.5)=41.5(\text{mm})$

3. 水平钢梁与楼板压点如果采用螺栓,混凝土局部承压计算如下:

混凝土局部承压的螺栓拉力要满足公式

$$N\leqslant(b^2-\pi d^2/4)f_{cc}$$

式中:N——锚固力,即作用于楼板螺栓的轴向拉力,$N=3.91\text{kN}$;

d——楼板螺栓的直径，$d=20$mm；

b——楼板内的螺栓锚板边长，$b=5d=100$mm；

f_{cc}——混凝土的局部挤压强度设计值，计算中取 $0.95f_{cc}=13.59\text{N/mm}^2$。

经过计算得到公式右边等于 131.6kN，楼板混凝土局部承压计算满足规范的安全要求。

2.1.13 悬挑梁的整体稳定性计算

水平钢梁采用[12.6 号槽钢 U 口水平，计算公式如下

$$\sigma=M/\varphi_b W_k \leqslant [f]$$

式中：φ_b——均匀弯曲的受弯构件整体稳定系数，按照下式计算：

$$\varphi_b=570tb/lh \cdot 235/f_y$$

经过计算得到

$$\varphi_b=570\times9.0\times53.0\times235/(1300.0\times126.0\times235.0)=1.66$$

由于 φ_b 大于 0.6，按照《钢结构设计规范》(GB 50017—2003)附录 B 查表得到其值为 0.885。

经过计算得到强度

$$\sigma=0.37\times10^6/(0.885\times62140.00)=6.73(\text{N/mm}^2)$$

水平钢梁的稳定性计算 $\sigma<[f]$，满足规范的安全要求。

2.2 扣件式钢管受料平台计算

2.2.1 工程概况

1.本工程为框架结构，层高 3.6m，现根据施工需要搭设扣件式钢管受料平台。受料平台构造尺寸如图 2-11 所示。

2.荷载传递程序

竖向荷载：施工荷载→脚手板→横向水平杆→横向水平杆与斜撑杆连接的扣件→斜撑杆→斜撑杆与预埋短管连接的扣件→预埋短管→框架梁

2.2.2 横向水平杆计算

1.荷载计算

施工均布活荷载标准值：1.5kN/m^2（参考《建筑施工高处作业安全技术规范》(JGJ 80—91)附录五取值）。

竹串脚手板均布荷载标准值：0.35kN/m^2。

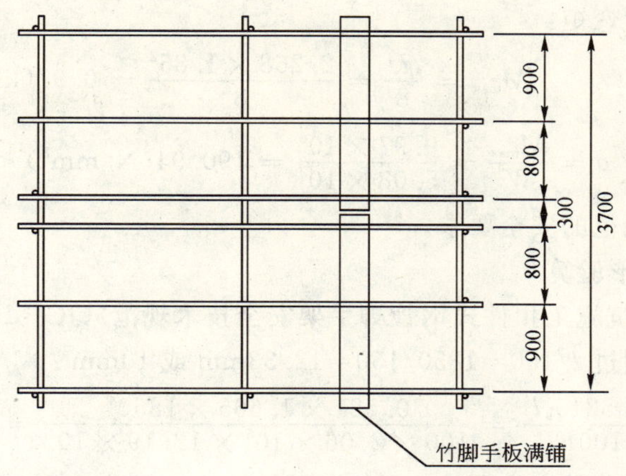

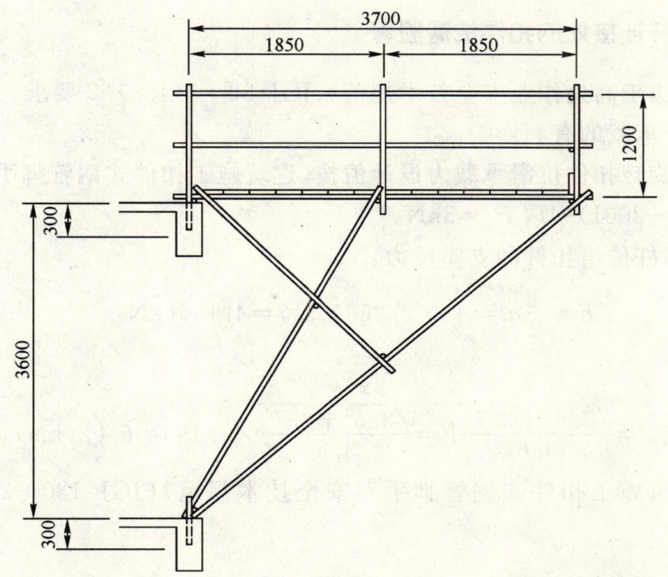

图 2-11　构造尺寸图(尺寸单位:mm)

满铺脚手板层横向水平杆、斜撑杆间距:0.9m。

2.按双跨连续梁均有均布荷载分布验算中间横向水平杆的抗弯强度和变形。

(1)抗弯强度验算

①横向水平杆上的线荷载标准值:

$$q_{\mathrm{k}}=(1.5+0.35)\times 0.9=1.665(\mathrm{kN/m})$$

②横向水平杆上的线荷载设计值:

$$q=(1.4\times 1.5+1.2\times 0.35)\times 0.9=2.268(\mathrm{kN/m})$$

③最大弯矩：

$$M_{\max}=\frac{ql^2}{8}=\frac{2.268\times 1.85^2}{8}=0.97(\text{kN}\cdot\text{m})$$

$$\sigma=\frac{M_{\max}}{W}=\frac{0.97\times 10^6}{5.08\times 10^3}=190.94(\text{N/mm}^2)<205\text{N/mm}^2$$

满足规范的安全要求。

(2)变形验算

按《建筑施工扣件式钢管脚手架安全技术规范》(JGJ 130—2001)中5.1.8要求，挠度不应超过 $l/150=1850/150=12.33\text{mm}$ 或 10mm。

$$v=\frac{0.521q_{\text{k}}l^4}{100EI}=\frac{0.521\times 1.665\times 1850^4}{100\times 2.06\times 10^5\times 12.19\times 10^4}=4.05(\text{mm})<10\text{mm}$$

满足规范的安全要求。

2.2.3 与斜撑杆连接处的扣件抗滑验算

参考《建筑施工高处作业安全技术规范》(JGJ 80—91)5.1.2要求，为安全计，不考虑中间斜撑杆承载的有利影响。

直角扣件、旋转扣件抗滑承载力设计值按《建筑施工扣件式钢管脚手架安全技术规范》(JGJ 130—2001)中取 $R_{\text{c}}=8\text{kN}$。

由横向水平杆传给扣件的支座反力：

$$F=\frac{1}{2}ql=\frac{1}{2}\times 2.268\times 3.7=4.196(\text{kN})$$

滑动力为：

$$F_{斜向}=\frac{\sqrt{3.6^2+3.7^2}}{3.6}F=\frac{\sqrt{3.6^2+3.7^2}}{3.6}\times 4.196=6.02(\text{kN})$$

均满足《建筑施工扣件式钢管脚手架安全技术规范》(JGJ 130—2001)的安全要求。

2.2.4 斜撑杆计算

仅验算外侧斜撑杆，为确保安全，不考虑中间斜撑杆承载的有利影响。

1.验算长细比

按《建筑施工扣件式钢管脚手架安全技术规范》(JGJ 130—2001)中5.1.9注的要求，计算长度按 $l_0=1.27l=1.27\times 2.5=3.175(\text{m})$

长细比为： $$\lambda=\frac{l_0}{i}=\frac{317.5}{1.58}=201<250$$

满足规范的安全要求。

2. 稳定性验算

$$\frac{N}{\varphi A}=\frac{6.02\times10^3}{0.179\times489}=68.78\text{N/mm}^2<205\text{N/mm}^2$$

$$\sigma=N/\varphi A\leqslant[f]$$

式中：N——立杆的轴心压力设计值，$N=6.02\times10^3$N；

φ——根据此长细比查《建筑施工扣件式钢管脚手架安全技术规范》(JGJ 130—2001)得稳定系数 $\varphi=0.179$；

A——ϕ48×3.5 钢管立杆净截面面积，$A=4.89\text{cm}^2=489\text{mm}^2$；

$[f]$——钢管立杆抗压强度设计值，$[f]=205.00\text{N/mm}^2$。

$$\sigma=\frac{N}{\varphi_A}=\frac{6.02\times10^3}{0.179\times489}=68.78\text{N/mm}^2<205\text{N/mm}^2$$

不考虑风荷载时，立杆的稳定性计算 $\sigma<[f]$，满足《建筑施工扣件式钢管脚手架安全技术规范》(JGJ 130—2001)的安全要求。

2.3 外爬架荷载与整体稳定性计算

改革开放以来，我国建筑业迅猛发展，各种形式的高层、超高层建筑越来越多。在高层建筑外架施工中，从使用双排架、挑架进而发展到挂架和爬升式脚手架(简称爬架)的各类外架施工机具中，爬升式脚手架因其投入少、使用方便、操作简单、实用性强等特点，越来越受到施工单位的重视和普遍的采用，并被建设部列为十项重点推广技术之一。其主要结构及性能如下：

1. 爬升式脚手架的主要构造

爬升式脚手架主要由框架、架体底部桁架、架体构架、附着支承结构、防坠落装置、升降设备等组成。

2. 适用范围

主要应用于高层(层数在 16 层以上)框架结构、剪力墙结构、框-剪结构及筒式结构。

3. 爬升式脚手架的技术性能

(1)架体全高不超过建筑结构的四个标准层，约 12.8～16m，每步架高为 1.8m。

(2)跨度：架体的支承跨度小于 6m。

(3)宽度：架体宽度 0.9～1.2m。

(4)架体悬挑长度：不大于 1/2 水平支承跨度和 3m。

4. 爬升式脚手架的社会效益分析

(1)节约材料费用：爬架架体搭设四层楼高，根据施工进度逐层升降，比双排脚手架从地面一直搭设到结构顶层节约大量的钢管、型钢、扣件、脚手板及安全网。

(2)节约人工费用:爬架架体搭设好后,只需 5 人就可对架体进行升降,节省大量的人工去搭设双排外架、铺设脚手板和安全网。

(3)节约塔吊台班费用:爬架搭设好后,利用自身升降系统可对爬架进行升降,比其他脚手架节约大量塔吊台班费用,大幅度提高垂直运输效率。

(4)提高工效:采用爬架施工,可加快施工进度,缩短工期,减少成本支出。

(5)节约维护费用:爬架只需搭设四层楼高,四周全封闭,减少四周临边安全维护费用支出。

液压爬架是在套轨式附着升降脚手架基础上开发的第 3 代产品,采用移动式提升设备,实现分体单跨升降的新型爬架。以带导轨主框架为骨架所搭设的脚手架整体稳定性好,可以伸缩的杆式附着支承构造,可适应大悬挑要求,具有费用低、操作灵活、升降平稳、性能可靠、安全度高等优点。

2.3.1 工程概况

南京某大厦工程为框架加筒筒的结构形式,主体总高度为 176m,分为 42 层,标准层高 3.4m,总面积达 9.6 万 m^2。根据工程需要,采用多功能爬架共设 30 个吊点。

1.本工程计算中涉及的主要国家或行业规范、标准参照表 2-4。

标准参照表 表 2-4

类别	名称	编号或文号
国标	《冷弯薄壁型钢结构技术规范》	GB 50018—2002
	《钢结构设计规范》	GB 50017—2003
	《建筑结构荷载规范》	GB 50009—2001
行标	《建筑施工附着升降脚手架管理暂行规定》	建〔2000〕230 号
	《建筑施工扣件式钢管脚手架安全技术规范》	JGJ 130—2001
	《建筑钢结构焊接规程》	JGJ 81—91

2.国力升降脚手架技术参数见表 2-5。

国力升降脚手架技术参数表 表 2-5

升降脚手架搭设高度	13.0m	立杆横距	0.9m
升降脚手架最大跨度	7.5m	立杆纵距	1.5m
升降脚手架最大侧悬挑	3.0m	步距	1.8m
升降脚手架最大回悬挑	500mm	搭设步数	3 步
升降脚手架最大悬挑支座	500mm	跳板形式	木脚手板/竹笆
同时作业步数	主体施工期间≤2 步,装修阶段≤3 步		
使用荷载限制	结构施工期间作业的每步≤3kN/m^2 装修施工期间作业的每步≤2kN/m^2		

3. 国力升降脚手架荷载标准值

升降脚手架搭设高度为 13.0m，立杆采用单立管。搭设尺寸为：立杆纵距 1.5m，立杆的横距 0.9m，立杆步距 1.8m。

脚手板采用木脚手板(竹笆)，其荷载标准值按《建筑施工扣件式钢管脚手架安全技术规范》(JGJ 130—2001)中表 4.2.1-1 取值：0.35kN/m²。

挡脚板采用木脚手板(竹笆)，其荷载标准值按《建筑施工扣件式钢管脚手架安全技术规范》(JGJ 130—2001)中表 4.2.1-2 取值：0.14kN/m²。

每步的挡脚杆和 2 道防护栏杆都采用 ϕ48×3.5 钢管。脚手架外侧满挂绿色密目安全网，其荷载标准值按照侧面投影面积 0.005kN/m² 计算。

4. 国力升降脚手架主要使用材料及其参数见表 2-6。

国力升降脚手架主要使用材料及其参数表 表 2-6

材料名称	[6.3 槽钢	[14 槽钢	ϕ48×3.5 钢管	80×60×4 方钢	60×60×4 方钢
截面面积 A	8.4cm²	18.51cm²	4.89cm²	10.56cm²	8.96cm²
截面惯性矩 I	I_x=51cm⁴	I_x=563.7cm⁴	I=12.19cm⁴	I_x=94.26cm⁴	I=47.07cm⁴
	I_y=11.9cm⁴	I_y=53.2cm⁴		I_y=59.64cm⁴	
截面回转半径 i	i_x=2.45cm	i_x=5.52cm	i=1.58cm	i_X=2.988cm	i=2.29cm
	i_y=1.18cm	i_y=1.7cm		i_y=2.376cm	
截面抵抗矩 W			5.08cm³		
g	6.63kg/m	14.53kg/m	3.84kg/m		7.03kg/m

2.3.2 构件的长度计算

1. 采用 ϕ48×3.5

(1)计算钢管总质量

立杆：$L=13\times3\times2=78$(m)

大横杆：$L=2\times7\times8.5=119$(m)(每根长度按 8.5m 计算)

小横杆：$L=9\times7\times1.2=76$(m)(每根长度按 1.2m 计算)

纵向支撑(剪刀撑)：

$$L=4\times\sqrt{8^2+\left(\frac{13}{3}\right)^2}+4\times\sqrt{4^2+\left(\frac{13}{3}\right)^2}=61(\text{m})\text{(按单片剪刀撑计算)}$$

架体结构边柱的缀条：横缀条 7 根，斜缀条 6 根，共两片：

$$L=2\times\left[6\times0.9^2+\left(\frac{13}{6}\right)^2+7\times0.9\right]=41(\text{m})$$

水平支撑(水平剪刀撑)：

$$L = 2 \times (1.48 + 4 \times \sqrt{1.8^2 + 4^2}) = 39(\text{m})$$

架体内的水平斜杆：

$$L = 3 \times 4 \times \sqrt{0.9^2 + 2^2} = 27(\text{m})$$

护拦：

$$L = 2 \times 9 \times 3 = 54(\text{m})$$

采用ϕ48×3.5 钢管的构件的总长度为：

$$\sum L = 78 + 119 + 76 + 61 + 41 + 39 + 27 + 54 = 495(\text{m})$$

所用钢管的总质量为：

$$G_{\phi} = 495 \times 3.89 = 1926(\text{kg})$$

(2)采用[6.3 的架体构件为架体结构的边柱，长 13m，共四根。

所用槽钢[6.3 的总质量为：

$$G_{槽} = 4 \times 13 \times 6.6 = 343(\text{kg})\text{取 345kg 进行计算}$$

(3)采用口 60×60×4 的架体构件为架体结构的边柱，长 13m 共 2 根。

所用口 60×60×4 的总质量为：

$$G_{方} = 2 \times 13 \times 7.0336 = 183(\text{kg})\text{取 185kg 进行计算}$$

(4)架体结构的自重为(对架体边柱考虑 10%的构造系数)：

$$G = G_{\phi} + (G_{槽} + G_{方}) \times 1.1 = 1926 + 1.1 \times (343 + 183) = 2504(\text{kg})\text{取 2504kg 进行计算}$$

2.脚手板自重

板宽 0.9m，长 8m，厚 0.04m，按原计算考虑有 3 步脚手板。

根据荷载规范木脚手板自重荷载取 0.35kN/m^2。

3.安全网

仍用原计算的数据但按面积比增大。

安全网的质量为：$G_{安全网} = 1.212 \times 8 \times 13 = 126(\text{kg})$取 130kg 进行计算

4.固定支架及支座(一个支座质量 60kg)

$$G_{支座} = 60 \times 2 = 120\text{kg}$$

永久荷载汇总见表 2-7。

永久荷载汇总表 表 2-7

序号	构件	质量(kg)	永久荷载(kN)
1	架体结构 G	2510	
2	脚手板 GP	690	
3	安全网 GN	130	
4	支座 GC	120	
总计		3450	34.5

2.3.3 施工活荷载标准值

根据荷载规范施工均布活荷载标准值如表 2-8。

施工均布活荷载标准值表 表 2-8

类 别	标准值(kN/m^2)	备 注
装修脚手架	2	
结构脚手架	3	

根据《建筑施工扣件式钢管脚手架安全技术规范》(JGJ 130—2001)及《建筑施工附着升降脚手架管理暂行规定》:结构施工按两层同时作业计算,使用状况时按每层 $3kN/m^2$ 计算,升降及坠落状况时按每层 $0.5kN/m^2$ 计算。

装修施工按三层同时作业计算,使用状况时按每层 $2kN/m^2$ 计算,升降及坠落状况时按每层 $0.5kN/m^2$ 计算。

1. 结构施工

使用状态:$3\times0.8\times8\times2=38.4(kN)$

升降、坠落状态:$0.5\times0.8\times8\times2=6.4(kN)$

2. 装修施工

使用状态:$2\times0.8\times8\times3=38.4(kN)$

升降、坠落状态:$0.5\times0.8\times8\times3=9.6(kN)$

施工活荷载标准值 Q_k 取 38.4kN(施工状态),9.6kN(升降状态)。

3. 风荷载

根据《建筑施工扣件式钢管脚手架安全技术规范》(JGJ 130—2001)及《建筑结构荷载规范》:

$$W_k = 0.7\times\mu_s\times\mu_z\times w_0$$

式中:W_k——风荷载标准值,kN/m^2;

μ_z——风压高度变化系数,按 B 类地区高 100m 的高层建筑上施工考虑,按《建筑结构荷载规范》(GB 5009—2001)取 2.1;

μ_s——风荷载体型系数,风荷载体型系数见表 2-9;

脚手架风荷载体型系数表 表 2-9

背靠建筑物的状况		全封闭	敞开、开洞
脚手架状况	各种封闭状况	1.0φ	1.3φ
	敞开	μ_{stw}	

W_0——标准基本风压,取 $0.50kN/m^2$。

风荷载 W_k 为：

$$W_k = 0.7 \times \mu_s \times \mu_z \times w_0 = 0.7 \times 0.32 \times 2.1 \times 0.50 = 0.24(\text{kN/m}^2)$$

考虑架体外侧有安全网，增加挡风系数；所以将风荷载 W_k 增加 10%，

$$W_k = 1.1 \times 0.24 = 0.26\text{kN/m}^2$$

4. 荷载汇总见表 2-10。

荷载汇总表　　表 2-10

荷载名称	静荷载	活荷载	风荷载
荷载标准值	34.5kN	38.4kN(施工状态)	0.26kN/m²
		9.6kN(升降状态)	

5. 本工程计算中采用的强度设计值见表 2-11～表 2-13。

(1)钢材的强度设计值见表 2-11(《冷弯薄壁型钢结构技术规范》GB 500018—2002)。

钢材的强度设计值表　　表 2-11

钢材牌号	抗拉、抗压和抗弯 f	抗剪 f_v	端面承压(磨平顶紧)
Q235	205N/mm²	120N/mm²	310N/mm²

(2)焊缝的强度设计值见表 2-12(《冷弯薄壁型钢结构技术规范》GB 500018—2002)。

焊缝的强度设计值表　　表 2-12

钢材牌号	对接焊缝			角焊缝
Q235	抗压 f_c^w	抗拉 f_t^w	抗剪 f_v^w	抗压、抗拉和抗剪 f_f^w
	205N/mm²	175N/mm²	120N/mm²	140N/mm²

(3)C 级普通螺栓连接的强度设计值见表 2-13(《冷弯薄壁型钢结构技术规范》GB 500018—2002)。

C 级普通螺栓连接的强度设计值表　　表 2-13

类别	性能等级 4.6 级、4.8 级
抗拉 f_t^w	165N/mm²
抗剪 f_v^w	125N/mm²

2.3.4 小横杆的计算

小横杆按照简支梁进行强度和挠度计算，大横杆在小横杆的下面，小横杆每 600mm 设置搭设，计算简图见 2-12。用大横杆支座的最大反力计算值，在最不利荷载布置下计算小横

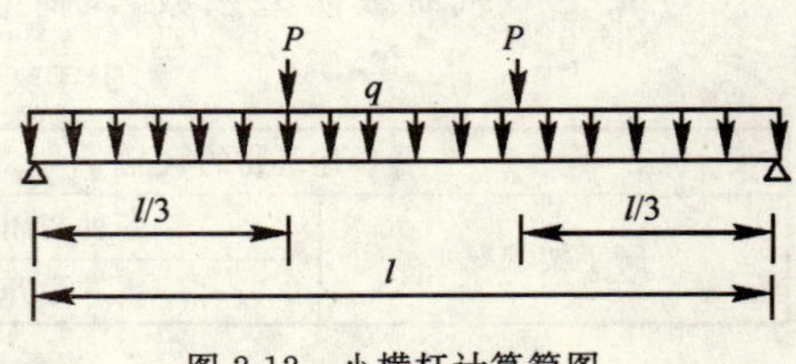

图 2-12　小横杆计算简图

杆的最大弯矩和变形，荷载计算参数表见表 2-14。

1. 荷载值计算

荷载计算参数表 表 2-14

小横杆的自重标准值	$p_1=0.0384$kN/m
脚手板的荷载标准值	$p_2=0.350\times0.600=0.210$kN/m
活荷载标准值	$Q=3.000\times0.600=1.800$kN/m
荷载的计算值	$p=1.2\times0.035+1.2\times0.210+1.4\times1.800=2.814$kN/m
材料弹性模量	$E=2.050\times10^5$ N/mm^2
材料截面惯性矩	$I=10.7831\times10^4$ mm^4

2. 抗弯强度计算

(1)最大弯矩考虑为小横杆自重均布荷载与荷载的计算值最不利分配的弯矩和。

①均布荷载最大弯矩计算公式如下：

$$M_{qmax}=ql^2/8$$

式中：M_{qmax}——最大弯矩；

q——脚手板作用在小横杆上的荷载，即传给小横杆的支座反力，如有集中荷载作用，则分别进行计算后再叠加；

l——小横杆的计算跨度。

②集中荷载最大弯矩计算公式如下：

$$M_{pmax}=pl/3$$

式中：M_{pmax}——集中荷载最大弯矩；

p——荷载的计算值；

l——小横杆的计算跨度。

$$M=M_{qmax}+M_{pmax}$$
$$=(1.2\times0.0384+1.2\times0.210)\times0.9^2/8+2.814\times0.9/3$$
$$=0.874(\text{kN}\cdot\text{m})$$

(2)小横杆按简支梁计算。按实际堆放位置的标准计算其最大弯矩，其弯曲强度可按下式计算：

$$\sigma=\frac{M}{W}\leqslant f$$

式中：σ——小横杆的弯曲应力；

M——小横杆计算的最大弯矩；

W——小横杆的净截面抵抗矩，$W=5080$mm^3；

f——钢管的抗弯、抗压强度设计值，$f=205$N/mm^2。

$$\sigma=M/W=0.874\times10^6/5080=172.05(\mathrm{kN/mm^2})$$

小横杆的计算抗弯强度小于205.0N/mm²，满足《建筑施工扣件式钢管脚手架安全技术规范》(JGJ 130—2001)的安全要求。

3.抗剪强度计算

(1)最大剪力计算：

$$V=ql/2+2p/2=(1.2\times0.0384)\times0.900/2+2\times2.814/2=2.832(\mathrm{kN})$$

(2)最大剪切强度计算：

$$\tau=V/A=2.832\times1000/489=5.79(1\mathrm{N/mm^2})<[f_v]=125\mathrm{N/mm^2}$$

小横杆的计算剪切强度小于125.0N/mm²，满足规范的安全要求。

4.挠度计算

(1)最大挠度考虑为小横杆自重均布荷载与荷载的计算值最不利分配的挠度和。

均布荷载最大挠度计算公式如下：

$$\omega_{qmax}=5ql^4/384EI$$

式中：ω——小横杆的挠度；

q——脚手板作用在小横杆上的等效均布荷载；

l——小横杆的跨度；

E——钢材的弹性模量；

I——小横杆的截面惯性矩。

(2)集中荷载最大挠度计算公式如下：

$$\omega_{pmax}=pl(3l^2-4l^2/9)/72EI$$

式中：ω——小横杆的挠度；

p——集中荷载标准值；

l——小横杆的跨度；

E——钢材的弹性模量；

I——小横杆的截面惯性矩。

(3)小横杆自重均布荷载引起的最大挠度：

$$\omega_1=5\times0.0384\times900^4/(384\times2.05\times10^5\times107831)=0.029(\mathrm{mm})$$

(4)集中荷载标准值：

$$p=0.0384+0.210+1.800=2.045(\mathrm{kN/m})$$

集中荷载标准值最不利分配引起的最大挠度：

$$\omega_2=2045\times900\times(3\times900^2-4\times900^2/9)/(72\times2.05\times10^5\times107831)=2.533(\mathrm{mm})$$

(5)最大挠度和：

$$\omega=\omega_1+\omega_2=2.562(\mathrm{mm})$$

小横杆的最大挠度小于1050.0/150与10mm，满足《建筑施工扣件式钢管脚手架安全技术规范》(JGJ 130—2001)的安全要求。

2.3.5　大横杆计算

大横杆按照三跨连续梁进行挠度和强度计算，大横杆上面的脚手板和活荷载作为均布荷载计算大横杆的最大弯矩和变形。

1. 均布荷载值计算

荷载计算见表 2-15。

荷载计算参数表　　　　表 2-15

大横杆的自重标准值	$p_1=0.0384$kN/m
脚手板的荷载标准值	$p_2=0.35\times0.9/2=0.1575$(kN/m)
活荷载标准值	$Q=3\times0.9/2=1.35$(kN/m)
静荷载的计算值	$q_1=1.2\times0.0384+1.2\times0.1575=0.235$(kN/m)
活荷载的计算值	$q_2=1.4\times1.35=1.89$(kN/m)
材料弹性模量	$E=2.06\times10^5$(N/mm²)
材料截面惯性矩	$I=12.19\times10^4$(mm⁴)

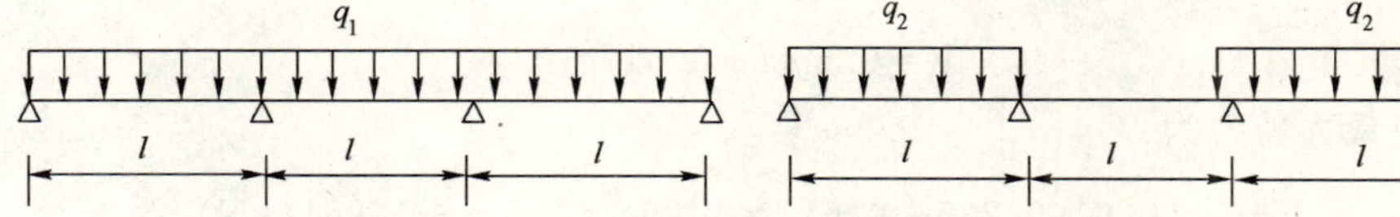

图 2-13　大横杆计算荷载组合简图(跨中最大弯矩和跨中最大挠度)

2. 抗弯强度计算

(1)最大弯矩考虑为三跨连续梁均布荷载作用下的弯矩，计算荷载组合见图 2-13、图 2-14。

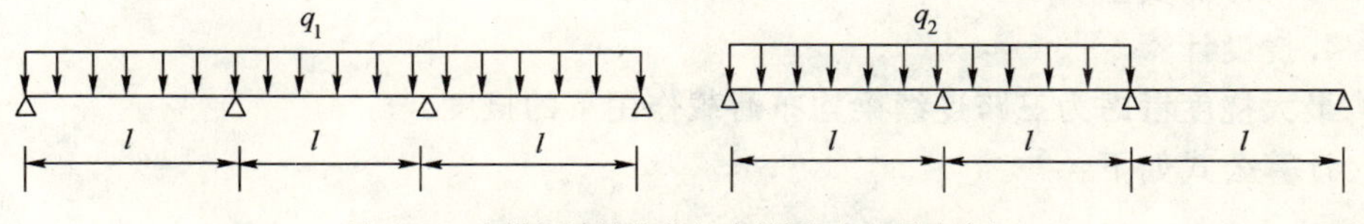

图 2-14　大横杆计算荷载组合简图(支座最大弯矩)

①跨中最大弯矩计算公式如下：

$$M_{1\max}=0.08q_1l^2+0.101q_2l^2$$

跨中最大弯矩为：

$$M_1=(0.08\times0.235+0.101\times1.89)\times1.5^2=0.472(\text{kN}\cdot\text{m})$$

②支点最大弯矩计算公式如下：

$$M_{2\max}=-0.10q_1l^2-0.117q_2l^2$$

支点处最大弯矩为：

$$M_2=-(0.10\times0.235+0.117\times1.89)\times1.5^2=-0.55(\mathrm{kN\cdot m})$$

(2)选择支点弯矩和跨中弯矩的最大值进行强度验算：

$$\sigma=\frac{M}{W}\leqslant f$$

式中：σ——小横杆的弯曲应力；

M——小横杆计算的最大弯矩：

W——小横杆的净截面抵抗矩 5080mm³；

f——钢管的抗弯、抗压强度设计值，$f=205\mathrm{N/mm^2}$。

$$\sigma=M/W=0.55\times10^6/5080=108.27(\mathrm{kN/mm^2})<[\sigma]=205\mathrm{N/mm^2}$$

所以大横杆抗弯强度满足《建筑施工扣件式钢管脚手架安全技术规范》(JGJ 130—2001)的安全要求。

3.抗剪强度计算

最大剪力考虑为三等跨连续梁上面荷载组合示意图中的第二种组合情况下最大剪力，其计算公式为：

$$V=0.6q_1l+0.617q_2l$$

支点最大剪力为：

$$V=-(0.6\times0.235+0.617\times1.89)\times1.5=-1.961(\mathrm{kN})$$

剪切强度为：

$$\tau=V/A=1.961\times10^3/424=4.625(\mathrm{N/mm^2})<[f_v]=120(\mathrm{N/mm^2})$$

所以大横杆抗剪切强度满足《建筑施工扣件式钢管脚手架安全技术规范》(JGJ 130—2001)的安全要求。

4.挠度计算

最大挠度考虑为三跨连续梁均布荷载作用下的挠度。

计算公式如下：

$$\omega_{\max}=0.677q_1l^4/100EI+0.99q_2l^4/100EI$$

三跨连续梁均布荷载作用下的最大挠度(钢材弹性模量 $E=206\times10^3\mathrm{N/mm^2}$)：

$$\omega=(0.677\times0.235+0.99\times1.89)\times1500^4/(100\times12.19\times10^4\times2.06\times10^5)=4.1(\mathrm{mm})$$

大横杆的最大挠度小于 1000/150mm 与 10mm，满足《建筑施工扣件式钢管脚手架安全技术规范》(JGJ 130—2001)的安全要求。

2.3.6 立杆的稳定性计算

1. 不考虑风荷载时，立杆的稳定性计算

$$\sigma = N/\varphi A \leqslant [f]$$

式中：N——立杆的轴心压力设计值，$N=11.37\text{kN}$；

φ——轴心受压立杆的稳定系数，由长细比的结果查表得到 0.268；

i——计算立杆的截面回转半径，$i=1.58\text{cm}=15.8\text{mm}$；

l——计算时取的脚手架步高，m，$l=1.8\text{m}$；

A——立杆净截面面积，$A=4.89\text{cm}^2=489\text{mm}^2$；

σ——钢管立杆受压强度计算值，N/mm²，经计算得到 $\sigma=11.37/(0.268\times 489)=(86.76/\text{mm}^2)<[f]$；

$[f]$——钢管立杆抗压强度设计值，$[f]=205.00\text{N/mm}^2$；

不考虑风荷载时，立杆的稳定性计算 $\sigma<[f]$，满足《建筑施工扣件式钢管脚手架安全技术规范》(JGJ 130—2001)的安全要求。

2. 考虑风荷载时，立杆的稳定性计算

$$\sigma = N/\varphi A + M_W/W \leqslant [f]$$

式中：N——立杆的轴心压力设计值，$N=10.519\text{kN}$；

φ——轴心受压立杆的稳定系数，由长细比的结果查表得到 0.268；

i——计算立杆的截面回转半径，$i=1.58\text{cm}=15.8\text{mm}$；

l——计算时取的脚手架步高，m，$l=1.8\text{m}$；

A——立杆净截面面积，$A=4.89\text{cm}^2=489\text{mm}^2$；

W——立杆净截面模量(抵抗矩)，$W=5.08\text{cm}^3=5080\text{mm}^3$；

M_W——计算立杆段由风荷载设计值产生的弯矩；

$$M_W=0.85\times 1.4W_k l_a h^2/10=0.85\times 1.4\times 0.26\times 0.9\times 1.8^2=0.091(\text{kN}\cdot\text{m})$$

式中：W_k——风荷载基本风压标准值，kN/m²；

l_a——立杆的纵距，m；

h——立杆的步距，m。

σ——钢管立杆受压强度计算值，N/mm²；

$\sigma=10519/(0.268\times 489)+91000/5080=80.266+17.913=98.188(\text{N/mm}^2)$；

$[f]$——钢管立杆抗压强度设计值，$[f]=205.00\text{N/mm}^2$。

考虑风荷载时，立杆稳定性计算 $\sigma<[f]$，满足《建筑施工扣件式钢管脚手架安全技术规范》(JGJ 130—2001)的安全要求。

2.3.7 支座(连墙件)计算

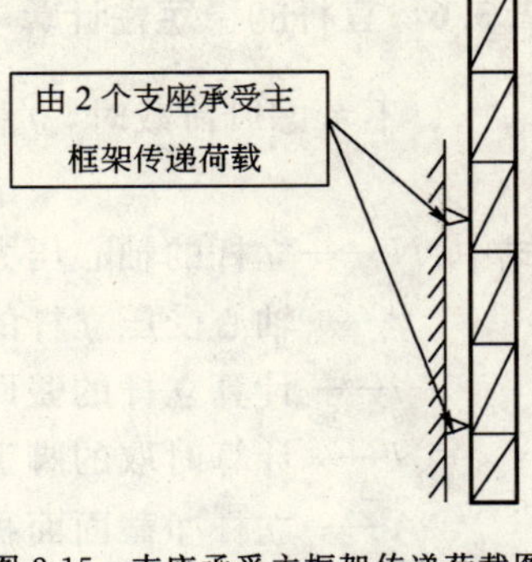

图 2-15 支座承受主框架传递荷载图

1.正常施工状态下

支座荷载传递见图 2-15。

2.支座荷载设计值

不考虑风荷载时,主框架的轴向压力设计值计算

公式:

$$N=1.2N_G+1.4N_Q=1.2\times34.5+1.4\times38.4$$

$$=95.16(\text{kN})$$

$$N_{支座}=N/2=95.16/2=47.58(\text{kN})$$

支座轴向力设计值:

$$N_1=N_{1w}+N_0$$

式中:N_1——支座轴向力设计值;

N_{1w}——风荷载产生的连墙件轴向力设计值;

N_0——支座约束脚手架平面外变形所产生的轴向力,本计算中取 5kN。

$$N_1=0.26\times14.8\times7.2/2+5=13.85+5=18.85(\text{kN})$$

3.梁用支座(360×500 支座)强度计算

(1)支座简图及受力分析图

受力分析如图 2-16、图 2-17 所示。

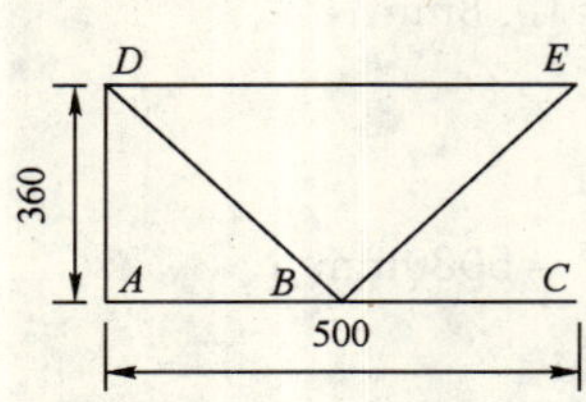

图 2-16 支座简图(尺寸单位:mm)

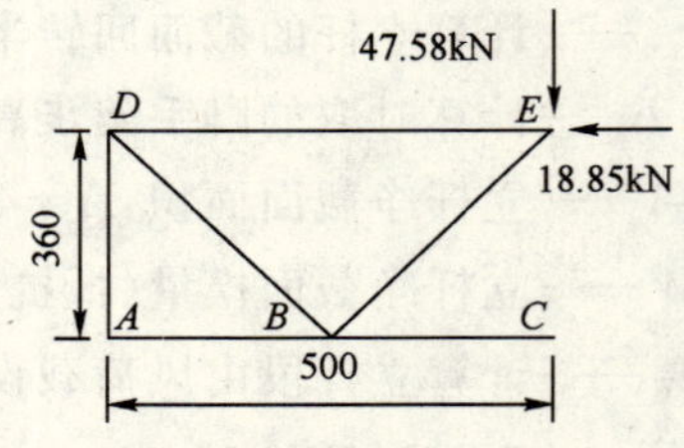

图 2-17 支座受力简图

(2)强度计算

①材料截面面积见表 2-16。

材料截面面积参数表 表 2-16

材料名称	⊏6.3 槽钢	⊏14 槽钢	ϕ48×3.5 钢管	80×60×4 方钢	60×60×4 方钢
材料截面面积 A	8.4cm^2	18.51cm^2	4.89cm^2	10.56cm^2	8.96cm^2

②支座材料及各参数

AC、DE、BD、BE 杆为□60×80×4 的方钢。

材料截面面积 $A=60\times80-52\times72=1056(\text{mm}^2)$

$$I_x=\frac{1}{12}\times(60\times80^3-52\times72^3)=942592(\text{mm}^2)$$

$$i_x=\sqrt{\frac{I_x}{A}}=\sqrt{\frac{942592}{1056}}=29.88(\text{mm})$$

$$I_y=\frac{1}{12}\times(80\times60^3-72\times52^3)=596352(\text{mm}^2)$$

$$i_y=\sqrt{\frac{I_y}{A}}=\sqrt{\frac{596352}{1056}}=23.76(\text{mm})$$

③根据产品使用说明，支座承受的荷载约 5kN，它的标准值设计值 $p=1.2\times5=6(\text{kN})$，将次荷载用于 B 点。

a. $\sum Y=0$

$$V_A=V_D=\frac{1}{2}\times(P+N_{支座})=\frac{1}{2}\times(6+47.58)=26.79(\text{kN}) \qquad (受压)$$

$\sum M_A=0$

$$H_D=\frac{1}{0.36}\times(47.58\times0.813+6\times0.9+18.85\times0.36)=138(\text{kN})$$

从以上计算可以看出，D 处支座受拉。

b. $\sum M_D=0$

$$H_A=\frac{1}{0.36}\times(47.58\times0.813+6\times0.9-18.85\times0.36)=103.6(\text{kN})$$

从以上计算可以看出，A 处支座受压。

c. 支座各杆体的内力：

$$\sum M_B=0$$

$$N_{DE}=39.15\text{kN}$$

d. 节点 A 平衡：

$$N_{AD}=-V_A=-26.79\text{kN} \qquad (压杆)$$

$$N_{AB}=-H_A=-103.6\text{kN} \qquad (压杆)$$

e. 节点 C 平衡：

$$N_{BC}=18.85\text{kN}$$

(3)支座杆件承载能力的计算

①下弦 AC 为轴心受压杆件。杆件计算长度：$l_{0x}=250\text{mm}$；$l_{0y}=360\text{mm}$。

$$\lambda_x=\frac{l_{0x}}{i_x}=\frac{250}{29.88}=8$$

$$\lambda_y=\frac{l_{0y}}{i_y}=\frac{360}{23.76}=15<V=120$$

根据长细比查表得 $\varphi_{min}=0.744$

$$\sigma=N/\varphi A$$

式中：N——立杆的轴心压力设计值，$N=6.02\times10^3$N；

φ——根据此长细比查《建筑施工扣件式钢管脚手架安全技术规范》(JGJ 130—2001)附录C表C得稳定系数 $\varphi=0.744$；

A——净截面面积，$A=1056\text{mm}^2$。

$$\sigma=N/\varphi A=147.66\times10^3/0.744\times1056=187.9(\text{kN/mm}^2)$$

②下弦杆 BC 为拉杆 $N_{BC}=18.85$kN，与 N_{AB} 相比较，足够安全，不必进行计算。

③上弦 DF 为轴心受拉构架

$$\sigma=N_{DF}/A_N=89.65\times10^3/1056=84.9(\text{kN/mm}^2)<f=205\text{kN/mm}^2$$

安全系数：$K=1.3\times235/84.9=3.6>1.5$ （安全）

④斜杆：

BF：

$$N_{BF}=-82.97\text{kN} \quad （压杆）$$

$$l_{0x}=l_{0y}=\sqrt{250^2+360^2}=438(\text{mm})$$

$$\lambda_x=\lambda_y=\frac{l_{0x}}{i_x}=\frac{438}{22.9}=20<[\lambda]=150$$

根据长细比查表得 $\varphi=0.846$

$$\sigma=N/\varphi A$$

式中：N——立杆的轴心压力设计值，N$=6.02\times10^3$N；

φ——根据此长细比查《建筑施工扣件式钢管脚手架安全技术规范》(JGJ 130—2001)附录C表C得稳定系数 $\varphi=0.846$；

A——净截面面积，$A=896\text{mm}^2$。

$$\therefore\sigma=N_{BF}/\varphi A=82.97\times10^3/0.846\times896=109.5(\text{kN/mm}^2)<f=205\text{kN/mm}^2$$

安全系数：$K=1.3\times235/109.5=2.8>2$ （安全）

BD：

$N_{BD}=90.72$kN （拉杆）

$\sigma=N_{BD}/A_N=90.72\times10^3/4.89\times10^2$

$=185.5(\text{kN/mm}^2)<f=205\text{kN/mm}^2$

安全系数：$K=1.3\times235/185.5=1.65>1.5$ （安全）

4.板式支座强度计算

计算简图见图2-18。

(1)所用材料及各参数

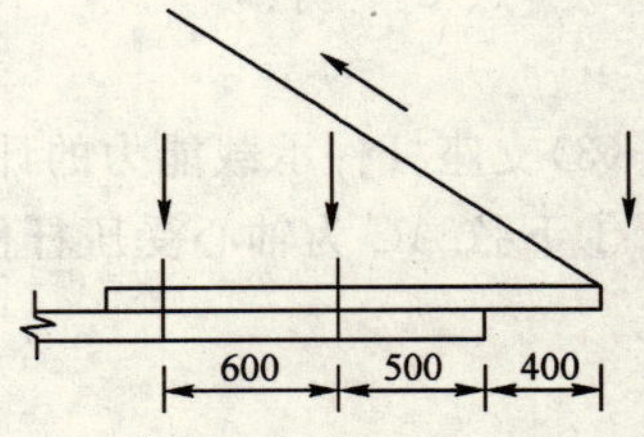

图2-18 板式支座强度计算简图(尺寸单位：mm)

材料：$\sqsubset 14_a \times 2$

计算参数见表 2-17。

计 算 参 数 表 表 2-17

截 面 面 积	截面惯性矩	截面回转半径	截面抵抗矩
$A=37.02\text{cm}^2$	$I=1127.4\text{cm}^4$	$i=5.52\text{cm}$	$W=161.0\text{cm}^3$

$$\lambda_X=\frac{l_{0X}}{i}=\frac{200}{5.52}=36.2$$

根据长细比查表得：$\varphi=0.950$

$$M_x=[(34.5\times1.2+38.4\times1.4)/2]\times0.4=47.58\times0.4$$
$$=19.032(\text{kN}\cdot\text{m})\text{（支座所受最大弯矩）}$$
$$W_k=1.1\times0.24=0.26(\text{kN/mm}^2)$$

风荷载 $N_k=W_k\times A/3+5=9.233+5=14.233(\text{kN})(A=14.5\times7.2)$

(2)按弯矩作用在对称轴平面内（绕 X 轴）的压弯构件，其稳定性计算公式：

$$\sigma=N/\varphi A+\beta_{mx}\times M_x/W_x\times\left(1-\frac{0.8\times N}{N_{EX}}\right)$$

式中：φ——轴心受压构件稳定系数，由 $\lambda=\frac{l_0}{i}$ 查表计算求得 0.950；

l_0——立杆的计算长度等于大横杆之间的距离 A，即 $l_0=A$；

i——截面的回转半径；

A——截面的净截面积；

M_x——截面的计算弯矩，$M_x=19.032\text{kN}\cdot\text{m}$；

W_x——截面的净截面抵抗矩。

β_{mx} 取 1.0。

$N_{Ex}=3.14^2\times E\times A/1.165\lambda^2=3.14^2\times206\times10^3\times37.02/1.165\times36.2^2=5.74\times10^4$

$$\sigma=\frac{14.233\times10^3}{0.950\times37.02\times10^2}+\frac{1\times19.032\times10^6}{161.0\times10^3\times\left(1-\frac{0.8\times14.233\times10^3}{5.74\times10^4}\right)}$$
$$=4.047+140.44=144.48(\text{N/mm}^2)<215(\text{N/mm}^2)$$

该型支座能满足安全使用的要求。

5. 穿墙螺栓强度验算

(1)强度验算

穿墙螺栓可能承受的最大水平拉力 N_1 及垂直剪切力 N_2 作用如下：

$N_1=109.3\text{kN}$

$N_2=47.58\text{kN}$

所以

$$\sqrt{\left(\frac{N}{N_t^b}\right)^2+\left(\frac{N_X}{N_t^v}\right)^2}=0.76<1$$

所以穿墙螺栓能满足安全使用要求。

2.3.8 扣件抗滑力的计算

纵向或横向水平杆与立杆连接时，扣件的抗滑承载力按照下式计算（规范 5.2.5）：

$$R \leqslant R_c$$

式中：R_c——扣件抗滑承载力设计值，取 8.0kN；

R——纵向或横向水平杆传给立杆的竖向作用力设计值。

小横杆的自重标准值 $p_1=0.0384\times0.9/2=0.017(\text{kN})$

大横杆的自重标准值 $p_1=2\times(0.0384\times1.500)=0.115(\text{kN})$

脚手板的荷载标准值 $p_2=0.350\times0.9\times1.500/2=0.236(\text{kN})$

活荷载标准值 $Q=3.000\times0.9\times1.500/2=2.025(\text{kN})$

荷载的计算值 $R=1.2\times0.017+1.2\times0.115+1.2\times0.236+1.4\times2.025=3.276(\text{kN})$

单扣件抗滑承载力的设计计算满足规范的安全要求。

当直角扣件的拧紧力矩达 40～65N·m 时，试验表明：单扣件在 12kN 的荷载下会滑动，其抗滑承载力可取 8.0kN；双扣件在 20kN 的荷载下会滑动，其抗滑承载力可取 12.0kN。

2.3.9 脚手架荷载标准值

作用于脚手架的荷载包括静荷载、活荷载和风荷载。

1. 静荷载标准值包括以下内容：

(1)每米立杆承受的结构自重标准值(kN/m²)；

本工程为外立杆、主框架、小横杆、大横杆、中间填心杆、扣件的自重荷载之和再换算成每米立杆的平均荷载

$$N_{G1}=2510\times10^{-3}/7.2=3.486(\text{kN})$$

(2)脚手板的自重标准值(kN/m²)；本例采用脚手板，标准值为 0.35

$$N_{G2}=0.35\times1.5\times0.9\times3/2=0.709(\text{kN})$$

(3)外立杆上栏杆与挡脚手板自重标准值(kN/m²)；本例采用 2 道钢管栏杆和 1 道钢管挡板，标准值为：

$$N_{G3}=0.0384\times3\times1\times1.5\times3=0.518(\text{kN})$$

(4)外立杆上吊挂的安全设施荷载，本例计算中仅包括安全网的荷载(kN/m^2)，因考虑到剪刀撑自身完全可以承担自身质量荷载而没有计算在内(8 步架)：

$$N_{G4}=0.005\times1.2\times8=0.048(kN)$$

经计算得到，静荷载标准值 $N_G=N_{G1}+N_{G2}+N_{G3}+N_{G4}=3.486+0.709+0.51+0.048=4.75(kN)$

2. 活荷载为施工荷载标准值产生的轴向力总和，内、外立杆按一纵距内施工荷载总和的 1/2 取值。

经计算得到，活荷载标准值 $N_Q=3\times2\times1.5\times0.9/2=4.05(kN)$

3. 风荷载标准值

经计算得到，风荷载标准值

$$W_k=0.7\times\mu_s\times\mu_z\times w_0=0.7\times0.32\times2.1\times0.50=0.24(kN/m^2)$$

式中：W_k——风荷载标准值，kN/m^2；

μ_z——风压高度变化系数，按 B 类地区高 100m 的高层建筑上施工考虑，按《建筑结构荷载规范》(GB 5009—2001)取 2.1；

μ_s——风荷载体型系数，见表 2-18；

脚手架风荷载体型系数表 表 2-18

背靠建筑物的状况		全封闭	敞开、开洞
脚手架状况	各种封闭状况	1.0φ	1.3φ
	敞开	μ_{stw}	

W_0——标准基本风压，取 $0.50kN/m^2$。

(1)考虑风荷载时，立杆的轴向压力设计值计算公式：

$N=1.2N_G+0.85\times1.4N_Q=1.2\times4.75+0.85\times1.4\times4.05=10.519(kN)$

(2)不考虑风荷载时，立杆的轴向压力设计值计算公式：

$$N=1.2N_G+1.4N_Q=1.2\times4.75+1.4\times4.05=11.37(kN)$$

风荷载设计值产生的立杆段弯矩 M_W 计算公式：

$$M_W=0.85\times1.4W_k l_a h^2/10=0.85\times1.4\times0.26\times0.9\times1.8^2=0.091(kN\cdot m)$$

式中：W_k——风荷载基本风压标准值，kN/m^2；

l_a——立杆的纵距，m；

h——立杆的步距，m。

2.3.10 主框架计算

1. 荷载计算

(1)恒载标准值 $G_k=3450kg=34.5kN$

(2)施工活荷载标准值 Q_k

①结构施工

使用状态:3×0.8×8×2=38.4(kN)

升降、坠落状态:0.5×0.8×8×2=6.4(kN)

②装修施工

使用状态:2×0.8×8×3=38.4(kN)

升降、坠落状态:0.5×0.8×8×3=9.6(kN)

主框架构造示意图见图 2-19。

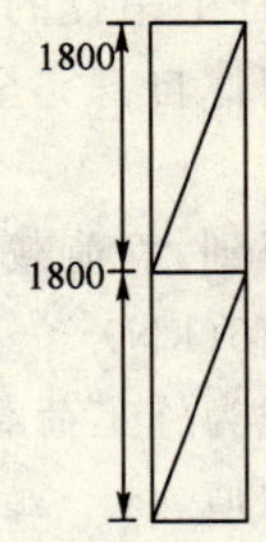

图 2-19 主框架构造示意图(尺寸单位:mm)

(3)主框架高 12.8m,每步 1.8m,截面参数见图 2-20。

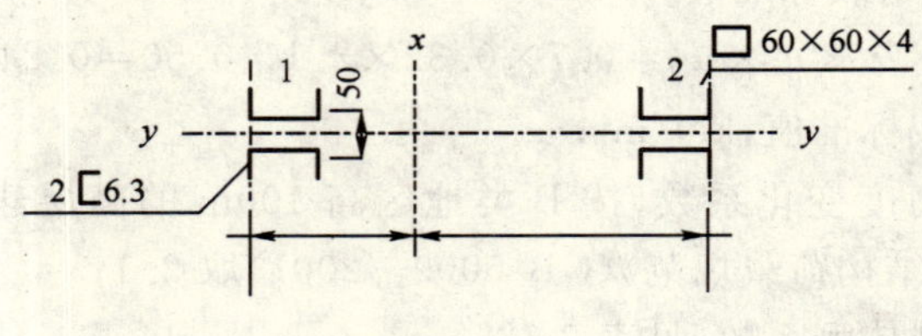

图 2-20

$$\lambda=\frac{l_0}{i}=\frac{1800\times1.155\times1.8}{2.29\times10}=163.4<[\lambda]=210 \quad (方钢) \quad \varphi=0.27$$

$$\lambda=\frac{l_0}{i}=\frac{1800\times1.155\times1.8}{2.46\times10}=152.12<[\lambda]=210 \quad (槽钢) \quad \varphi=0.304$$

取其中较小值计算。

考虑风荷载时,主框架的轴向压力设计值计算公式:

$N=1.2N_G+0.85\times1.4N_Q=1.2\times34.5+0.85\times1.4\times38.4=87.096$(kN)

不考虑风荷载时,主框架的轴向压力设计值计算公式:

$$N=1.2N_G+1.4N_Q=1.2\times34.5+1.4\times38.4=95.16\text{(kN)}$$

2.不组合风荷载状态下

稳定性计算:

$$\sigma=N/\varphi A\leqslant[f]$$

式中:N——主框架的轴心压力设计值,$N=95.16$kN;

φ——轴心受压立杆的稳定系数,由长细比得 0.27;

i——计算主框架的截面回转半径,$i=2.29$cm$=22.9$mm;

l——计算时取的脚手架步高,m,$l=1.8$m;

A——主框架净截面面积,$A=2\times8.4+8.96=25.76\text{cm}^2=2576\text{mm}^2$;

$[f]$——主框架抗压强度设计值,$[f]=205.00\text{N/mm}^2$;

σ—— 主框架受压强度计算值，N/mm^2，经计算得到

$$\sigma=95.16/(0.27\times2576)=136.818(N/mm^2)<[f]。$$

不考虑风荷载时，主框架得稳定性计算 $\sigma<[f]$满足《建筑施工扣件式钢管脚手架安全技术规范》(JGJ 130—2001)的安全要求。

3.组合风荷载状态下

稳定性计算：

$$\sigma=N/\varphi A+M_W/W\leqslant[f]$$

式中：N——主框架的轴心压力设计值，$N=87.096kN$；

φ——轴心受压立杆的稳定系数，由长细比得 0.27；

i——计算主框架的截面回转半径，$i=2.29cm=22.9mm$；

l——计算时取的脚手架步高，m，$l=1.8m$；

A——主框架净截面面积，$A=2\times8.4+8.96=25.76(cm^2)=2576(mm^2)$；

$[f]$——主框架抗压强度设计值，$[f]=205.00N/mm^2$；

σ——主框架受压强度计算值，N/mm^2；经计算得到

$\sigma=87.096/(0.27\times2576)+91000/32.3\times1000=126.16+2.817=128.977$ $(N/mm^2)<[f]$。

考虑风荷载时，主框架得稳定性计算 $\sigma<[f]$满足《建筑施工扣件式钢管脚手架安全技术规范》(JGJ 130—2001)的安全要求。

2.4 外挂脚手架计算

外挂脚手架是建筑工程常用简单工具式脚手架之一，它具有制作、装拆、搬运方便，节省脚手材料和劳力等优点。但在使用时要求墙体达到一定强度(上层最好已安装好预制楼板)，脚手架之间应用钢管或杉木杆连接，用卡具或铁丝绑扎牢固，上铺脚手板使形成整体。常用钢管三角挂脚手架构造如 2-21 图所示。

2.4.1 工程概况

本工程为某住宅小区 30＃楼，建筑面积 $23000m^2$。主楼为地下一层、地上三十四层，结构型式为钢筋混凝土现浇剪力墙结构，裙楼为地下一层、地上二层，结构型式为钢筋混凝土框架结构。±0.000 相当于绝对标高 35.47m，建筑室内外高差为 0.47m，主楼檐口高度为 99.92m，裙楼檐口高度为 8.80m，主楼四层以下采用双排落地式钢管外架、四层以上采用大模外挂式三角架同大模板逐层提升，裙楼均采用双排落地式钢管外架施工。

外挂架用于支撑外墙模板，外挂架之间用 $\phi48$ 脚手管连接，上铺 $\delta=100$ 木跳板，

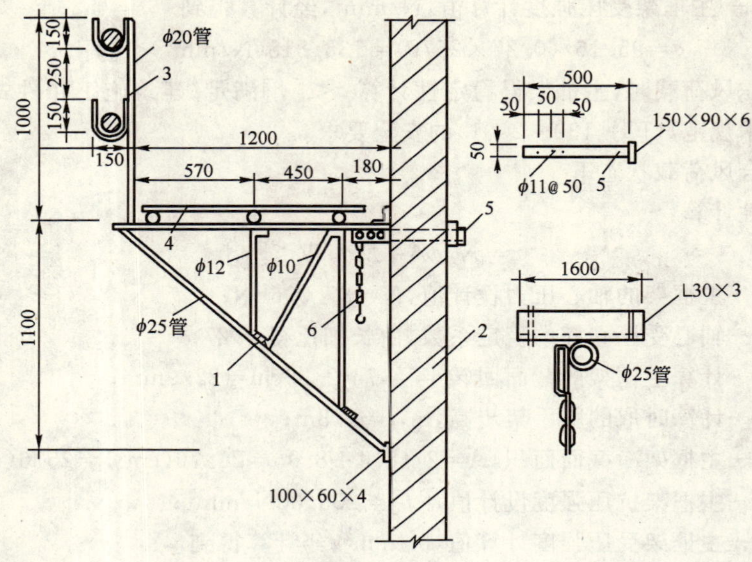

图 2-21 外挂脚手架构造图(尺寸单位:mm)

1-三角架;2-墙身;3-扶手栏杆;4-脚手板;5-扁钢销片;6-插扁钢销片用 ϕ10mm 钩子

外侧作防护栏杆。外挂架的计算以单榀为计算单元,按铰接式桁架进行计算。

2.4.2 荷载计算

1. 荷载

外挂架上的荷载有以下几种:

(1)操作人员荷载,按每一开间(1.8m 左右)外挂架上最多有 4 个人操作,每个人按 750N 计算,则

$$q_1 = 4 \times 750/1.8 \times 1.35 = 1234.6(\mathrm{N/m^2})$$

(2)外挂架自重,每榀按 800N,则

$$q_2 = 800/1.8 \times 1.35 = 329.2(\mathrm{N/m^2})$$

(3)木跳板荷载 960N/m², 脚手管荷载 740N/m², 安全网荷载 49N/m², 扣件荷载 123N/m², 则

$$q_3 = 740 + 960 + 49 + 123 = 1872(\mathrm{N/m^2})$$

(4)钢模板荷载:1200N/m²

$$q_4 = 1200\mathrm{N/m^2}$$

总荷载:$q = q_1 + q_2 = q_3 = q_4 = 1234.6 + 329.2 + 1872 + 1200 = 4635.8(\mathrm{N/m^2})$

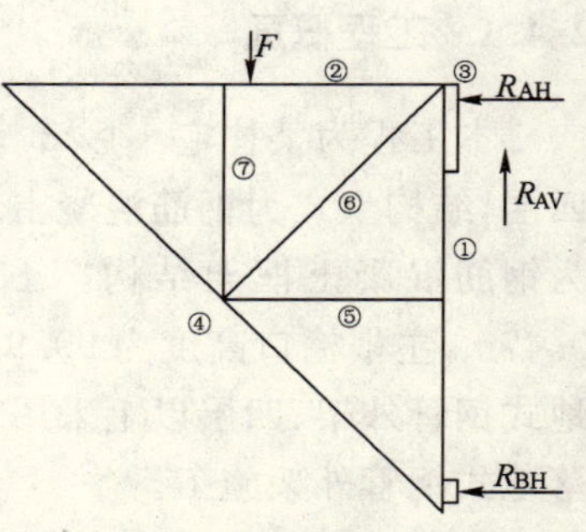

图 2-22 计算简图

2. 计算简图

计算简图见图 2-22。计算时考虑两种情况：

(1)外挂架上的荷载为均匀分布，化为节点集中荷载，则为：

$$p=4635.8\times1.8\times1.35/2=5632.5(\mathrm{N})$$

(2)荷载的分布偏于外挂架外侧时，此时单位面积上的荷载化为节点集中荷载，则为：

$$p=9271.6\times1.8\times0.675/2=5632.5(\mathrm{N})$$

2.4.3 内力计算

按桁架进行计算，计算结果见表 2-19。

架杆件内力表 表 2-19

杆件编号	内力系数及内力值		选用杆件规格(mm)	杆件截面面积(mm^2)
	荷载均匀分布时	荷载偏于外侧时		
①	$N_1=0.5p=2816.3\mathrm{N}$	$N_1=1.0p=5632.5\mathrm{N}$	ϕ48 管	489
②	$N_2=0.5p=2816.3\mathrm{N}$	$N_2=1.0p=5632.5\mathrm{N}$	ϕ48 管	489
③	$N_3=1.0p=5632.5\mathrm{N}$	$N_3=1.5p=8448.8\mathrm{N}$	10＃槽钢	1270
④	$N_4=1.41p=-7941.8\mathrm{N}$	$N_4=2.12p=-11940.9\mathrm{N}$	ϕ48 管	489
⑤	$N_5=-0.7p=-3942.8\mathrm{N}$	$N_5=-1.41p=-7941.8\mathrm{N}$	ϕ48 管	489
⑥	$N_6=-1.0p=-5632.5\mathrm{N}$	$N_6=-1.0p=-5632.5\mathrm{N}$	ϕ48 管	489
⑦	$N_7=0.7p=3942.8\mathrm{N}$	$N_7=0.5p=2816.3\mathrm{N}$	ϕ48 管	489
支座 A	$R_{AV}=2.0p=11265\mathrm{N}$ $R_{AH}=1.0p=5632.5\mathrm{N}$	$R_{AV}=2.0p=11265\mathrm{N}$ $R_{AH}=1.5p=8448.8\mathrm{N}$		
支座 B	$R_{BH}=1.0p=5632.5\mathrm{N}$	$R_{BH}=1.5p=8448.8\mathrm{N}$		

2.4.4 截面验算

1. 杆件①、②为拉杆，最大内力 $N_1=N_2=5632.5\mathrm{N}$，初选截面为 ϕ48 钢管(壁厚 3.5mm)，$A=489\mathrm{mm}^2$。考虑管与外挂架拉杆连接有一定的偏心，其容许应力乘以 0.95 折减系数，则

$$\sigma=\frac{N}{A}\leqslant f$$

式中：σ——杆件拉应力；

N——杆件的轴向拉力；

A——杆件的净截面积；

f——钢材的抗拉、抗压强度设计值$[f]=170\text{N/mm}^2$。

$\sigma=N_1/A=5632.5/489=11.5(\text{N/m}^2)<0.95f=0.95\times170\text{N/mm}^2$。

$=161.5\text{N/mm}^2$。

杆件①、②安全储备较大，如其上的跳板或钢管稍有一定的偏心，产生压弯作用亦安全。

2. 杆件③、④皆为拉杆，杆 3 用 10＃槽钢，杆 7 用 $\phi48$ 钢管，按最大内力 $N_3=8448.8\text{N}$ 验算。

$$\sigma=N/A=8448.8/1270=6.65(\text{N/mm}^2)<0.95f=0.95\times170=161.5(\text{N/mm}^2)$$

所以强度满足规范的安全要求。

杆件③的计算长度 $l_0=1750\text{mm}$，10＃槽钢钢回转达半径 $i_X=39.5\text{mm}$

$$\varphi=l_0/i_X=1750/39.5=44.3<[\varphi]=150(\text{查规范取值})$$

故杆件③、⑦强度稳定性满足规范的安全要求。

3. 杆件④、⑤为压杆，最大内力 $N_4=11940.9\text{N}$，杆件④、⑤均为 $\phi48$ 钢管。

杆件⑤计算长度 $l_0=900\text{mm}\phi48$ 钢管的回转半径 $i=15.78$

$\varphi=l_0/i=900/15.78=57.03<[\varphi]=150(\text{查规范取值})$

$$\sigma=N/\varphi A<0.95f=165.1\text{N/mm}^2$$

所以④、⑤杆件的强度及稳定性均满足规范的安全要求。

4. 杆件⑥为压杆

$$N_6=5632.5\text{N}$$

计算长度 $l_0=700\text{mm}$

$$\varphi=l_0/i=700/15.78=44.36<[\varphi]=150(\text{查规范取值})$$

$$\sigma=N/\varphi A<0.95f=0.95\times170=161.5(\text{N/mm}^2)$$

故杆件⑥的强度和稳定性均满足规范的安全要求。

2.4.5 焊缝强度验算

取腹杆中内力大的拉杆③进行计算

$$N_3=8448.8\text{N}$$

取焊缝厚度 $h_r=5\text{mm}$，则焊缝有效厚度

$$h_e=0.7h_r=0.7\times5=3.5(\text{mm})$$

焊缝长度应为：

$$l_f=N_3/h_e\times f=8448.8/3.5\times170=14.1(\text{mm})$$

考虑到焊接方便，取焊缝长度为 40mm。

2.4.6 支座验算

1. 支座 A，采用 $\phi25$ 挂架螺栓，挂架螺栓按受拉进行验算

$$R_{AH}=8448.8N$$

$$A=\pi\times12.5\times12.5=490.6(mm^2)$$

$$\alpha=R_{AH}/A=8448.8/490.6=17.2(N/mm^2)<f=170N/mm^2$$

外挂架螺栓按受剪验算

$$R_{AV}=11265N$$

$$\tau=R_{AV}/A=11265/490.6=22.96(N/mm^2)<f=170N/mm^2$$

2. 支座 B 采用 10＃槽钢支撑在墙面上，槽钢长度 $L=200mm$

$$R_{BH}=8448.8N$$

$$A=200\times50=10000mm^2$$

$$\alpha=R_{BH}/A=8448.8/10000=0.845(N/mm^2)<2N/mm^2$$

所以整个外挂架满足规范的安全要求。

2.4.7　外挂架螺栓验算

采用 $\phi25$ 挂钩螺栓，材料为 45＃钢。

1. 受拉：$R_{AH}=3.21kN$，$A=490.87mm^2$

$$\alpha=R_{AH}/A=3210/490.87=6.54(N/mm^2)<0.9f=0.9\times600=540(N/mm^2)。$$

2. 受剪：$\tau=R_{AV}/A=12940/490.87=26.36(N/mm^2)<[\tau]=355N/mm^2$，满足规范的安全要求。

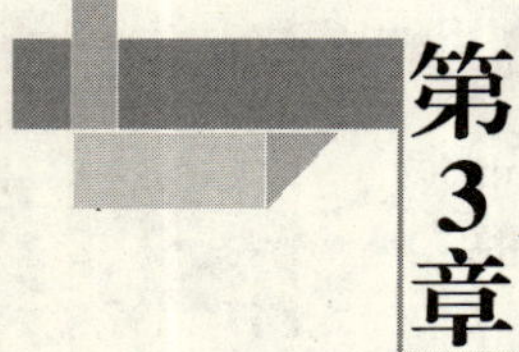

第3章 钢筋工程

3.1 钢筋常用数据查表计算

钢筋质量见表 3-1,钢筋按强度计算的截面面积换算见表 3-2,钢筋强度设计值见表 3-3,热轧钢筋的直径、横截面积和质量表见 3-4,各种规格钢筋弯钩增加长度参考表见表 3-5。

钢筋质量表(kg) 表 3-1

钢筋直径(m)	钢筋长度(m)								
	1	2	3	4	5	6	7	8	9
4	0.099	0.198	0.297	0.396	0.495	0.594	0.693	0.792	0.891
5	0.154	0.308	0.462	0.616	0.77	0.924	1.078	1.232	1.386
6	0.222	0.444	0.666	0.888	1.110	1.332	1.554	1.776	1.998
8	0.395	0.79	1.185	1.58	1.795	2.37	2.765	3.16	3.555
9	0.499	0.998	1.497	1.996	2.495	2.994	3.493	3.992	4.491
10	0.617	1.234	1.851	2.468	3.085	3.702	4.319	4.936	5.553
12	0.888	1.776	2.664	3.552	4.44	5.328	6.216	7.104	7.992
14	1.21	2.42	3.63	4.84	6.05	7.26	8.47	9.68	10.89
16	1.58	3.16	4.74	6.32	7.9	9.48	11.06	12.64	14.28
18	2	4	6	8	10	12	14	16	18
20	2.47	4.94	7.41	9.88	12.35	14.82	17.29	19.76	22.23
22	2.98	5.96	8.94	11.92	14.9	17.88	20.86	23.84	26.82
25	3.85	7.7	11.55	15.4	19.25	23.1	26.95	30.8	34.65
28	4.83	9.66	14.49	19.32	24.15	28.98	33.81	38.64	43.47

续上表

钢筋直径(m)	钢筋长度(m)								
	1	2	3	4	5	6	7	8	9
32	6.31	12.62	18.93	25.24	31.55	37.86	44.17	50.48	56.79
36	7.99	15.98	23.79	31.96	39.95	47.94	55.93	63.92	71.91
40	9.87	19.74	29.16	39.48	49.35	59.22	69.09	78.96	88.83

钢筋按强度计算的截面面积换算表 表 3-2

直径(mm)	在下列钢筋根数时钢筋按等强的截面面积(cm^2)												质量(kg/m)	直径(mm)
	1			2			3			4				
	HPB 235	HRB 335	HRB 400	HPB 235	HRB 335	HRB 400	HPB 235	HRB 335	HRB 400	HPB 235	HRB 335	HRB 400		
	φ	Φ	**Φ**	φ	Φ	**Φ**	φ	Φ	**Φ**	φ	Φ	**Φ**		
	210	300	360	210	300	360	210	300	360	210	300	360		
	1.000	1.428	1.714	1.000	1.428	1.714	1.000	1.428	1.714	1.000	1.428	1.714		
8	0.503	0.718	0.862	1.005	1.435	1.723	1.508	2.153	2.585	2.011	2.872	3.447	0.395	8
9	0.636	0.908	1.090	1.272	1.816	2.180	1.909	2.726	3.272	2.545	3.634	4.362	0.499	9
10	0.785	1.121	1.345	1.571	2.243	2.693	2.356	3.364	4.038	3.142	4.487	5.385	0.617	10
12	1.131	1.615	1.939	2.262	3.230	3.877	3.393	4.845	5.816	4.524	6.460	7.754	0.888	12
14	1.539	2.198	2.638	3.079	4.397	5.277	4.618	6.595	7.915	6.158	8.794	10.555	1.208	14
16	2.011	2.872	3.447	4.021	5.742	6.892	6.032	8.614	10.339	8.042	11.484	13.784	1.578	16
18	2.545	3.634	4.362	5.089	7.267	8.723	7.634	10.901	13.085	10.179	14.536	11.950	1.998	18
20	3.142	4.487	5.385	6.283	8.972	10.769	9.425	13.459	16.154	12.566	17.944	21.538	2.466	20
22	3.801	5.428	6.515	7.603	10.857	13.032	11.404	16.285	19.546	15.205	21.713	26.061	2.984	22
25	4.909	7.010	8.414	9.817	14.019	16.826	14.726	21.029	25.240	19.635	28.039	33.654	3.853	25
28	6.153	8.786	10.546	12.315	17.586	21.108	18.473	26.379	31.663	24.630	35.172	42.216	4.834	28
32	8.043	11.485	13.786	16.085	22.969	27.570	24.127	34.453	41.354	32.170	45.939	55.139	6.313	32
36	10.179	14.536	17.447	20.385	29.110	34.940	30.536	43.605	52.339	40.715	58.141	69.786	7.990	36
40	12.561	17.937	21.530	25.133	35.890	43.078	37.699	53.834	64.616	50.265	71.778	86.154	9.865	40

续上表

直径（mm）	在下列钢筋根数时钢筋按等强的截面面积（cm^2）												质量（kg/m）	直径（mm）
	5			6			7			8				
	HPB 235	HRB 335	HRB 400	HRB 235	HRB 335	HRB 400	HPB 235	HRB 335	HRB 400	HPB 235	HRB 335	HRB 400		
	φ	Φ	Φ	φ	Φ	Φ	φ	Φ	Φ	φ	Φ	Φ		
	210	300	360	210	300	360	210	300	360	210	300	360		
	1.000	1.428	1.714	1.000	1.428	1.714	1.000	1.428	1.714	1.000	1.428	1.714		
8	2.513	3.589	4.307	3.016	4.307	5.169	3.519	5.025	6.032	4.021	5.742	6.892	0.395	8
9	3.181	4.542	5.452	3.817	5.451	6.542	4.453	6.359	7.632	5.089	7.267	8.723	0.499	9
10	3.927	5.608	6.731	4.712	6.729	8.076	5.498	7.851	9.424	6.283	8.972	10.769	0.617	10
12	5.655	8.075	9.693	6.786	9.690	11.631	7.917	11.305	13.570	9.048	12.921	15.508	0.888	12
14	7.697	10.991	13.193	9.236	13.189	15.831	10.776	15.388	18.470	12.315	17.586	21.108	1.208	14
16	10.053	14.356	17.231	12.064	17.227	20.678	14.074	20.098	24.123	16.085	22.969	27.570	1.578	16
18	12.723	18.168	21.807	15.268	21.803	26.169	17.813	25.437	30.531	20.358	29.071	34.894	1.998	18
20	15.708	22.431	26.924	18.850	26.918	32.309	21.991	31.403	37.693	25.133	35.890	43.078	2.466	20
22	19.007	27.142	32.578	22.808	32.570	39.609	26.093	37.998	45.608	30.411	43.427	52.124	2.984	22
25	24.544	35.049	42.068	29.452	42.057	50.481	34.361	49.068	58.895	39.270	56.078	67.309	3.853	25
28	39.788	43.965	52.771	36.945	52.757	62.324	43.103	61.551	73.879	49.260	70.343	84.432	4.834	28
32	40.212	57.423	68.923	48.255	68.908	82.709	56.297	80.392	96.493	64.340	91.878	110.279	6.313	32
36	50.894	72.677	87.232	61.073	87.212	104.679	71.251	101.746	122.124	81.430	116.281	139.571	7.990	36
40	62.830	89.721	107.691	75.389	107.668	129.232	87.965	125.614	150.772	100.531	143.558	172.310	9.865	40

注：表中换算系数：HRB335/HPB235＝300/210＝1.428；HRB400/HPB235＝360/210＝1.714；RRB400/HPB235＝360/210＝1.714。

钢筋强度设计值（N/mm^2） 表 3-3

项次	钢筋种类		符号	抗拉强度设计值 f_y	抗压强度设计值 f'_y
1	热轧钢筋	HPB235	φ	210	210
		HRB235	Φ	300	300
		HRB400	Φ	360	360
		RRB400	$Φ^R$	360	360
2	冷轧带肋钢筋	LL550		360	360
		LL650		430	380
		LL800		530	380

热轧钢筋的直径、横截面面积和质量表 表 3-4

公称直径(mm)	内径(mm)	纵、横肋高 h、h_1(mm)	公称横截面面积(mm^2)	理论质量(kg/m)
6	5.8	0.6	28.27	0.222
8	7.7	0.8	50.27	0.395
10	9.6	1.0	78.54	0.617
12	11.5	1.2	113.1	0.888
14	13.4	1.4	153.9	1.21
16	15.4	1.5	201.1	1.58
18	17.3	1.6	254.5	2.00
20	19.3	1.7	314.2	2.47
22	21.3	1.9	380.1	2.98
25	24.2	2.4	490.9	3.85
28	27.2	2.2	615.8	4.83
32	31.0	2.4	804.2	6.31
36	35.0	2.6	1018	7.99
40	38.7	2.9	1257	9.87
50	48.5	3.2	1964	15.42

注:1.表中理论质量按密度为 7.85g/cm^3 计算。

2.质量允许偏差:直径 6～12mm 为±7%,14～20mm 为±5%,22～50mm 为±4%。

各种规格钢筋弯钩增加长度参考表 表 3-5

钢筋直径 d(mm)	半圆变钩(mm)		半圆变钩(mm)(不带平直部分)		直弯钩(mm)		斜弯钩(mm)	
	1个钩长	2个钩长	1个钩长	2个钩长	1个钩长	2个钩长	1个钩长	2个钩长
6	40	75	20	40	35	70	75	150
8	50	100	25	50	45	90	95	190
9	60	115	30	60	50	100	110	220
10	65	125	35	70	55	110	120	240
12	75	150	40	80	65	130	145	290
14	90	175	45	90	75	150	170	170
16	100	200	50	100	—	—		

续上表

钢筋直径 d(mm)	半圆变钩(mm)		半圆变钩(mm)(不带平直部分)		直弯钩(mm)		斜弯钩(mm)	
	1个钩长	2个钩长	1个钩长	2个钩长	1个钩长	2个钩长	1个钩长	2个钩长
18	115	225	60	120				
20	125	250	65	130				
22	140	275	70	140				
25	160	315	80	160				
28	175	350	85	190				
32	200	400	105	210				
36	225	450	115	230				

3.2 钢筋用料计算

钢筋下料计算应通盘考虑,按同型号不同部位配料,最大限度提高利用率。工程用钢筋基本以定尺 9m 较多,在工程施工中,配料计算时要熟读图纸,先列出各部位的相同型号的钢筋,再根据各部位的下料尺寸结合定尺长度做下料表,这样就能做到物尽其用,节省钢筋的用量,避免浪费。

3.2.1 工程概况

1.本工程总建筑面积 147096m²,地下为三层,地上主体由南向北分 A、B、C、D 栋,A、D 栋 15 层,檐口高度 63.70m,B、C 栋 20 层,檐口高度 83.10m。±0.00=50.90m。工程结构型式为框架核心筒,基础类型为筏基,部分独立柱基。抗震设防烈度为 8 度,抗震等级为一级。地下三层要求为六级人防。

2.本工程采用Ⅰ级(光圆):ϕ6、ϕ8、ϕ10、φ14,Ⅱ级:ф12、ф14、ф16、ф18、ф20、ф22、ф25、ф28、ф32,Ⅲ级:ф12、ф14、ф16、ф20、ф22、ф25、ф28、ф32 钢筋。选取国家大型钢厂作为供货渠道。

3.2.2 钢筋质量计算

本工程取ф20mm 的钢筋 860m 计算,钢筋质量见表 3-6。

钢筋质量表 表 3-6

钢筋直径(mm)	钢筋长度(m)								
	1	2	3	4	5	6	7	8	9
20	2.47	4.94	7.41	9.88	12.35	14.82	17.29	19.76	22.23

注:对于长度大于 9m 的,按 10 倍、100 倍、……从表中取值。

(1)每米钢筋的体积按下式计算：

$$V=\frac{\pi d^2}{4}\times 1000=250\pi d^2$$

(2)每米钢筋的质量按下式计算：

$$G=7850\times 10^9\times 250\pi d^2=0.006165d^2$$

式中：　π——圆周率，取3.1416；

d——钢筋直径，mm，变形钢筋为公称直径或称计算直径；

G——单位长度钢筋质量，kg；

7850×10^9——钢材的密度，kg/mm^3。

(3)计算ф20mm钢筋质量：

$$\begin{aligned}G&=0.006165d^2\times l\\&=0.006165\times 20^2\times 860\\&=2120.76kg\end{aligned}$$

式中：$0.006165d^2$——1m钢筋的质量；

l——钢筋长度。

所以ф20mm的钢筋860m的质量是2120.76kg。

3.3 钢筋代换计算

在钢筋工程施工时，往往因钢筋规格品种不全，满足不了原设计要求，而采用钢筋代换的方式解决。钢筋的代换直接关系到建筑结构的安全，因此必须经过精确的验算，钢筋代换方表见表3-7。

钢筋代换方法表　　　　表3-7

代换方法	计算公式
等强度代换	$A_{s1}\times f_{y1}\leqslant A_{s2}\times f_{y2}$ $n_1\times d_1^2\times f_{y1}\leqslant n_2\times d_2^2\times f_{y2}$
原设计钢筋与拟代换的钢筋直径相同	$n_1\times f_{y1}\leqslant n_2\times f_{y2}$
原设计钢筋与拟代换的钢筋设计强度相同 即 $f_{y1}=f_{y2}$ 等面积代换	$A_{s1}\leqslant A_{s2}$ $n_1\times d_1^2\leqslant n_2\times d_2^2$
多种规格钢筋代换	$\sum n_1\times f_{y1}\times d_1^2\leqslant\sum n_2\times f_{y2}\times d_2^2$
f_{y1}、f_{y2}——分别为原设计钢筋和拟代换用钢筋的抗拉强度设计值(N/mm^2)见表3-3钢筋强度设计值表 A_{s1}、A_{s2}——分别为原设计钢筋和拟代换钢筋的计算截面面积(mm^2)见表3-4热轧钢筋的直径、横截面面积和质量表 n_1、n_2——分别为原设计钢筋和拟代换钢筋的根数，根 d_1、d_2——分别为原设计钢筋和拟代换钢筋的直径，mm $A_{s1}\times f_{y1}$、$A_{s2}\times f_{y2}$——分别为原设计钢筋和拟代换钢筋的钢筋抗力，N	

钢筋代换原则:

1.在施工中,已确认工地不可能供应设计图要求的钢筋品种和规格时,才允许根据库存条件进行钢筋代换。

2.代换前必须充分了解设计意图、构件特征和代换钢筋性能,严格遵守国家现行设计规范和施工验收规范及有关技术规定。

3.代换后仍能满足各类极限状态的有关计算要求以及必要的配筋构造规定(如受力钢筋和箍筋的最小直筋、间距、锚固长度、配筋百分率以及混凝土保护层厚度等);在一般情况下,代换钢筋还必须满足截面对称的要求。

4.对抗裂性要求高的构件(如吊车梁,薄腹梁、屋架下弦等),不宜用Ⅰ级光面钢筋代换Ⅱ、Ⅲ级变形钢筋,以免裂缝开展过宽。

5.梁内纵向受力钢筋与弯起钢筋应分别进行代换,以保证正截面与斜截面强度。

6.偏心受压构件或偏心受拉构件(如框架柱、承受吊车荷载的柱、屋架上弦等)钢筋代换时,应按受力方面(受压或受拉)分别代换,不得取整个截面配筋量计算。

7.吊车梁等承受反复荷载作用的构件,必要时应在钢筋代换后进行疲劳验算。

8.当构件受裂缝宽度控制时,代换后应进行裂缝宽度验算。如代换后裂缝宽度有一定增大(但不超过允许的最大裂缝宽度,被认为代换有效),还应对构件作挠度验算。

9.同一截面内配置不同种类和直径的钢筋代换时,每根钢筋拉力差不宜过大(同品种钢筋直径差一般不大于5mm),以免构件受力不匀。

10.钢筋代换应避免出现大材小用,优材劣用,或不符合专料专用等现象。钢筋代换后,其用量不宜大于原设计用量的5%,如判断原设计有一定潜力,也可以略微降低,但也不应低于原设计用量的2%。

11.进行钢筋代换的效果,除应考虑代换后仍能满足结构各项技术性能要求之外,同时还要保证用料的经济性和加工操作的方便。

12.重要结构和预应力混凝土钢筋的代换应征得设计单位同意。

3.3.1 工程概况

北京某中心工程位于地处北京某中心(CBD)的核心,现场较为平整。主体结构为钢筋混凝土框架-剪力墙结构。地上18层,地下1层,地上平面形式为匚形,建筑面积约为68658m^2。建筑总高约58.0m,整个工程抗震设防烈度为7度,建筑结构的安全等级为二级。

在钢筋混凝土梁施工时由于材料短缺,在和多方沟通后决定将原设计图用Φ20mm钢筋,重2650kg,改用Φ24mm钢筋代换。

3.3.2 钢筋实际代换量计算

钢筋实际代换量计算公式：

$$W_2=\frac{d_2^2}{d_1^2}W_1$$

式中：W_1——原设计图算出的钢筋质量 2650，kg；

W_2——代换后的钢筋质量，kg；

d_1——原设计的钢筋直径 20，mm；

d_2——代换后的钢筋直径 24，mm。

$$W_2=\frac{d_2^2}{d_1^2}W_1=\frac{24^2}{20^2}\times 2650=3816(\mathrm{kg})$$

代换后的钢筋质量为 3816kg。

第4章 模板工程

模板的基本类型按材料可分为木模板、钢模板、混凝土和钢筋混凝土预制模板；按模板形状可分为平面模板和曲面模板；按受力条件可分为承重模板和侧面模板。侧面模板按其支承受力方式又分为简支模板、悬臂模板和半悬臂模板。按架立和工作特征可分为固定式、拆移式、移动式和滑动式，固定式模板多用于起伏的基础部位或特殊的异形结构，因结构形状各异难以重复使用，拆移式、移动式、滑动式可重复或连续在形状一致或变化不大的结构上使用，有利于实现标准化和系列化。

4.1 模板用量简易计算

在现浇混凝上和钢筋混凝土结构施工中，为了进行施工准备和实际支模，常需估量模板的需用量和耗费，即计算每立方米混凝土结构的展开面积用量，再乘以混凝土总量，即可得模板需用总量。现浇混凝土结构模板用量计算公式见表4-1。

现浇混凝土结构模板用量计算公式表 表4-1

混凝土构件名称	每立方米混凝土模板用量计算公式	符号意义
基本表达式	$U=A/V$	U——每立方米混凝土结构的展开面积模板用量，m^2； A——模板的展开面积，m^2； V——混凝土的体积，m^3； U_1、U_2、U_3、U_4、U_5——分别为楼板、主次梁、正方形截面柱、矩形截面柱和墙每立方米混凝土模板用量，m^2
楼板厚度为 d_1(m)	$U_1=1/d_1$	
主次梁宽度×高度为 $b\times h$(m)	$U_2=2h+b/bh$	
正方形截面柱边长为 $a\times a$(m)	$U_3=4/a$	
矩形截面柱边长为 $a\times b$(m)	$U_4=2(a+b)/ab$	
墙厚度为 d_2(m)	$U_5=2/d_2$	

4.1.1 工程概述

某工程结构为现浇钢筋混凝土框架结构。楼层高度分别为：地上一层为 4.15m，二层为 3.3m，设备层 2.2m，三至六层为 3.5m。该工程现浇钢筋混凝土楼板厚 $d_1 = 0.1\text{m}$；梁宽 $b = 0.4\text{m}$，高 $h = 0.6\text{m}$；正方形柱截面为 0.7m×0.7m；矩形柱截面为 0.7m×0.4m；墙厚为 0.25m，计算模板用量。

4.1.2 按公式计算

楼板模板用量：

$$U_1 = 1/d_1 = 1/0.1 = 10(\text{m}^2)$$

梁模板用量：

$$U_2 = 2h + b/bh = 2\times0.6 + 0.4/0.4\times0.6 = 6.67(\text{m}^2)$$

正方形截面柱模板用量：

$$U_3 = 4/a = 4/0.7 = 5.71(\text{m}^2)$$

矩形截面柱模板用量：

$$U_4 = 2(a+b)/ab = 2\times(0.7+0.4)/0.7\times0.4 = 7.86(\text{m}^2)$$

墙模板用量：

$$U_5 = 2/d_2 = 2/0.25 = 8(\text{m}^2)$$

4.2 混凝土模板荷载计算

模板及其支撑结构应具有足够的强度、刚度和稳定性，必须能承受施工中可能出现的各种荷载的最不利组合，其结构变形应在允许范围之内。模板及其支架承受的荷载分为基本荷载和特殊荷载两类。基本荷载包括：模板及其支架的自重，根据设计图确定；木材的容重，针叶类按 600kg/m^3、阔叶类按 800kg/m^3 计算；新浇混凝土自重，通常可按 24～25kN 计算；钢筋质量，对一般钢筋混凝土可按 1kN/m^3 计算；工作人员、浇筑设备、工具等荷载，计算模板及直接支撑模板的楞木时可按均布活荷载 2.5kN/m^2 及集中荷载 2.5kN 验算，计算支承楞木的构件时可按 1.5kN/m^2 计算，计算支架立柱时按 1kN/m^2 计算；振捣混凝土产生的荷载可按 1kN/m^2 计算；新浇混凝土的侧压力与混凝土初凝前的浇筑速度、振实方法、凝固速度、坍落度及浇筑块的平面尺寸等因素有关，其中与前三个因素关系最密切。

4.2.1 工程概况

本工程为全现浇剪力墙结构，地下两层，地上十六层，占地面积 957.34m^2，工程总建筑面积 17618.16m^2。具体情况见表 4-2。

工程概况表 表 4-2

序号	项目	内容备注			
1	建筑规模	建筑面积		$17618.16m^2$	
		层数		地下两层,地上十六层	
		层高		2.4m,2.5m,2.9m,3m	
		建筑高度	49.7m	基底标高	−5.750m
2	基础及结构形式	筏板基础及现浇混凝土剪力墙结构			
3	主要结构及断面尺寸	板:100mm,120mm 梁:150mm×400mm 宽,200mm×400mm 宽			

本工程基础筏板部分用防水保护墙做模板,地下室一层、二层为储藏室,层高分别为 2.4m 和 2.42m,开间和进深较小,墙体、顶板梁、楼梯决定采用组合钢模板,支承和加固体系采用 ϕ48 钢管加顶托。一层以上(包括一层)采用全钢组合式大模板,工程质量目标为合格。

4.2.2 墙模板计算

1. 混凝土侧压力计算

地下室墙高 2.4m,厚 250mm,宽 19.4m,混凝土温度为 25°C,浇筑速度为 1.5m/h,混凝土重力密度 $\gamma_c=25kN/m^3$,按下式计算:

$$F=0.22\gamma_c t_0 \beta_1 \beta_2 \sqrt{v} \quad 其中\ t_0=\frac{200}{T+15}$$

$$F=\gamma_c H \qquad 两式取最小值$$

式中:F——新浇筑混凝土对模板的最大侧压力,kN/m^2;

γ_c——混凝土的重力密度,kN/m^3;

t_0——混凝土的初凝时间,h,可按实测确定,当缺乏实验资料时,可采用 $t_0=\frac{200}{T+15}$计算;

v——混凝土的浇筑速度,m/h;

β_1——外加剂影响修正系数,不掺外加剂时取 1.0,掺具有缓凝作用的外加剂时取 1.2;

β_2——混凝土坍落度影响修正系数,当坍落度小于 30mm 时,取 0.85;坍落度为 50~90mm 时,取 1.00;坍落度为 110~150mm 时,取 1.15;

H——混凝土侧压力计算位置处到新浇筑混凝土顶面的高度,m。

$$F=0.22\gamma_c t_0 \beta_1 \beta_2 \sqrt{v}$$

$$F_1=0.22\times25\times(\frac{200}{25+15})\times1.2\times1.15\times\sqrt{1.5}=37.18(kN/m^2)$$

$$F=\gamma_c H$$

$$F_2=25\times2.4=60(kN/m^2)$$

取两者中的最小值，即 $F_1=37.18(kN/m^2)$。

$F=F_1\times$分项系数$\times$折减系数$=37.18\times1.2\times0.95=42.39(kN/m^2)$

采用泵送混凝土，倾倒混凝土时产生的水平荷载取($4kN/m^2$)。

荷载值为 $4\times1.4\times0.85=4.76(kN/m^2)$

荷载组合：

$$F'=42.39+4.76=47.15(kN/m^2)$$

有效压头高度：

$$h=\frac{F}{\gamma_c}=\frac{42.39}{25}=1.7(m)$$

2. 拉杆计算

(1) $$P=F\times A$$

拉杆纵横间距定为 600mm，对拉螺栓拉力计算见表 4-3。

式中：P——模板拉杆承受的拉力，N；

F——混凝土的侧压力，N/m^2；

A——模板拉杆分担的受荷面积，m^2，其值为 $A=a\times b$；

a——模板拉杆的横向间距，m；

b——模板拉杆的纵向间距，m。

$$P=F\times A=47150\times0.6\times0.6=16974(N)$$

对拉螺栓拉力计算表($F=60kN/m^2$)(单位：N)　　表 4-3

a(m) / b(m)	0.45	0.50	0.55	0.60	0.65	0.70	0.75
0.45	12150						
0.50	13500	15000					
0.55	14850	16500	18150				
0.60	16200	18000	19800	21600			
0.65	17550	19500	21450	23400	25350		
0.70	18900	21000	23100	25200	27300	29400	
0.75	20250	22500	24750	27000	29250	31500	33750

续上表

a(m) / b(m)	0.45	0.50	0.55	0.60	0.65	0.70	0.75
0.80	21600	24000	26400	28800	32100	33600	36000
0.85	22950	25500	28050	30600	33150	35700	38250
0.90	24300	27000	29700	32400	35100	37800	40500

注：当混凝土侧压力 $F\neq60\text{kN/m}^2$ 时，对拉螺栓的拉力 $P'=\frac{P\times F'}{F}$，F'为实际混凝土侧压力值；P 为由表中查出之值。

查表得 $P=21600\text{N}$

$$P'=\frac{21600\times47.15}{60}=16974(\text{N})$$

选用 M14(ϕ10 截面同 M14)螺栓，其容许拉力为 17800N＞16974N，符合要求。

(2)墙模板主次楞选用 ϕ48×3.5 钢架管作主次楞。

①根据以下公式确定内外钢楞间距：

$$q=Fa$$

$$M_{\max}=\frac{qb^2}{10}=\frac{Fab^2}{10}$$

$$\sigma_{\max}=\frac{M_{\max}}{W}=\frac{Fab^2}{10W}\leqslant f$$

$$\text{可得 } b\leqslant\sqrt{\frac{10fW}{Fa}}$$

式中：F——混凝土侧压力值，N/mm^2；

q——均布荷载，N/mm；

a——内钢楞间距，mm；

b——外钢楞间距(或内钢楞的跨度)，mm；

$\sigma_{\max}$——支承钢楞最大应力，N/mm^2；

$M_{\max}$——钢楞承受最大弯矩，N·mm；

f——钢材抗拉、抗弯强度设计值，N/mm^2；

W——双根内钢楞的截面最小抵抗矩(最小模量)，mm^2。

②根据 $b=\sqrt{\frac{10fW}{Fa}}$

查表得：

$$W=2\times5.08\times10^3=10.16\times10^3(\text{mm}^3)$$

$$f=215\text{MPa}$$

$$F=47.15\text{kN/m}^2$$

$$b=\sqrt{\frac{10\times215\times10.16\times10^3}{47.15\times10^{-3}\times900}}=717(\text{mm})$$

取 $b=700\text{mm}$

③按挠度计算公式,内钢楞的容许跨度

$$b=\sqrt[4]{\frac{150[w]EI}{Fa}}$$

$$E=2.1\times10^5\text{N/mm}^2$$

$$I=2\times12.19\times10^4\text{mm}^4=24.38\times10^4(\text{mm}^4)$$

$$b=\sqrt[4]{\frac{150\times3\times2.1\times10^5\times24.38\times10^4}{47.15\times10^{-3}\times900}}=858(\text{mm})$$

按以上计算,内钢楞跨度取 750mm(间距为 900mm),外楞采用内钢楞同一规格,间距为 750mm。

4.2.3 楼板模板计算

楼板均按标准层楼板计算,厚度取 120mm,楼层净高取最大值 2700mm,顶板模板采用竹塑板,支撑采用 $\phi48\times3.5$ 钢架管,50mm×100mm 木方作次龙骨间距 300,$\phi48\times3.5$ 钢架管作主龙骨。

1.模板计算

力学性能的指标按《钢框胶合板模板技术规程》(JGJ 96—95)取用,弹性模量 $E=0.9\times5200=4680(\text{N/mm}^2)$,抗弯强度设计值,$f_m=\frac{15}{1.55}=9.68(\text{N/mm}^2)$,抗剪强度设计值 $f_v=1.2\text{N/mm}^2$,木方间距不大于 300mm。

楼板新浇混凝土自重标准值　　$25\times0.12=3(\text{kN/m}^2)$

楼板钢筋自重标准值　　$1.1\times0.12=0.132(\text{kN/m}^2)$

施工人员及设备荷载标准值　　2.5kN/m^2

振捣混凝土时产生的荷载标准值　　2.0kN/m^2

取 1m 板宽计算。

(1)抗弯强度验算

模板的承载力极限状态设计值,按楼板新浇混凝土自重、楼板钢筋自重、施工人员及设备荷载组合计算:

$$M_{max}=0.107ql^2=0.107\times7.2584\times0.3^2=0.07(\text{kN}\cdot\text{m})$$

式中:q——脚手板作用在横杆上的荷载,即传给横杆的支座反力,如有集中荷载作用,则分别进行计算后再叠加；

$$q=(3+0.132)\times1.0\times1.2+2.5\times1.0\times1.4=7.2584(\text{kN/m})$$

l——横杆的计算跨度。

$$W=\frac{bh^2}{6}=\frac{1000\times12^2}{6}=2.4\times10^4(\text{mm}^3)$$

$$\sigma=\frac{M_{\max}}{W}=\frac{0.07\times10^6}{2.4\times10^4}=2.91(\text{N/mm}^2)<9.68\text{N/mm}^2$$

式中：σ——横杆弯曲应力；

M——横杆最大弯矩；

W——横杆净截面抵抗矩，$w=4.729\times10^3\text{mm}^3$；

f——钢管的抗弯、抗压强度设计值，$f=205\text{N/mm}^2$。

满足规范的安全要求。

(2)抗剪验算

$$F=1.143ql=1.143\times7.2584\times0.3=2.5(\text{kN})$$

$$\tau=\frac{F}{A}=\frac{2.5\times10^3}{1000\times12}=0.21(\text{N/mm}^2)<1.2\text{N/mm}^2$$

满足规范的安全要求。

(3)变形验算

模板的正常使用极限状态设计值，按楼板新浇混凝土自重、楼板钢筋自重组合计算：

$$q=(3+0.132)\times1.0=3.132(\text{kN/m})$$

$$I=\frac{bh^3}{12}=\frac{1000\times12^3}{12}=1.44\times10^5(\text{mm}^4)$$

$$v=0.632\frac{ql^4}{100EI}=0.632\times\frac{3.132\times300^4}{100\times4680\times1.44\times10^5}=0.24(\text{mm})$$

验算时，其变形值不得超过计算跨度的 $l/400=300/400=0.75(\text{mm})$。

满足规范的安全要求。

2.方木计算

采用 50mm×100mm 木方作内楞，力学性能指标按《建筑施工手册》第四版的表 3-9 取用，弹性模量 $E=9000\text{N/mm}^2$，抗弯强度设计值 $f_m=1.1\text{N/mm}^2$ 抗剪强度设计值为 $f_v=1.3\text{N/mm}^2$ 水平杆、立杆间距不大于 1200mm，方木按简支梁考虑。胶合板及 50mm×100mm 方木自重标准值：0.3kN/m^2

(1)抗弯强度验算

方木的承载能力极限状态设计值，按胶合板及 50mm×100mm 方木自重、楼板新浇筑混凝土自重、楼板钢筋自重、施工人员及机械设备组合计算：

$$q = (0.3 + 3 + 0.132) \times 0.3 \times 1.2 + 2.5 \times 0.3 \times 1.4 = 2.29(\text{kN/m})$$

$$M_{\max} = 0.125ql^2 = 0.125 \times 2.29 \times 1.2^2 = 0.41(\text{kN} \cdot \text{m})$$

$$W = \frac{bh^2}{6} = \frac{50 \times 100^2}{6} = 8.3 \times 10^4(\text{mm}^3)$$

$$\sigma = \frac{M_{\max}}{W} = \frac{0.41 \times 10^6}{8.3 \times 10^4} = 4.94(\text{N/mm}^2) < 11\text{N/mm}^2$$

满足规范的安全要求。

(2)抗剪验算

$$F = 0.5ql = 0.5 \times 2.29 \times 1.2 = 1.374(\text{kN})$$

$$\tau = \frac{F}{A} = \frac{1.374 \times 10^3}{50 \times 100} = 0.275(\text{N/mm}^2) < 1.3\text{N/mm}^2$$

满足规范的安全要求。

(3)变形验算

模板的正常使用极限状态设计值，按胶合板及 50mm×100mm 方木自重、楼板新浇混凝土自重、楼板钢筋自重组合计算：

$$q = (3 + 0.132) \times 1.0 = 3.132(\text{kN/m})$$

$$I = \frac{bh^3}{12} = \frac{1000 \times 12^3}{12} = 1.44 \times 10^5(\text{mm}^4)$$

$$v = 0.632\frac{ql^4}{100EI} = 0.632 \times \frac{3.132 \times 300^4}{100 \times 4680 \times 1.44 \times 10^5} = 0.24(\text{mm})$$

验算时，其变形值不得超过计算跨度的 $l/400 = 300/400 = 0.75(\text{mm})$，满足规范的安全要求。

3. 水平杆计算

采用 $\phi 48 \times 3.5$ 钢架管满堂架作为支撑，楼板底立杆纵、横距均不大于 1.2m，步距 1200mm，由于水平钢管本身的自重与其他荷载相比甚小，忽略不计。

施工人员及设备荷载标准值：1.5kN/m^2。

(1)抗弯强度验算

直接支承方木的水平杆上的承载能力极限状设计值，按胶合板及 50mm×100mm，楼板新浇混凝土自重、楼板钢筋自重、施工人员荷载组合计算。为方便计算，将由方木传递至水平杆上的荷载简化为均布荷载，水平杆按三跨连续梁计算：

$$q = (0.3 + 3 + 0.132) \times 1.2 \times 1.2 + 1.5 \times 1.2 \times 1.4 = 7.46(\text{kN/m})$$

$$M_{\max} = 0.1ql^2 = 0.1 \times 7.46 \times 1.2^2 = 1.07(\text{kN} \cdot \text{m})$$

$$\sigma = \frac{M_{\max}}{W} = \frac{1.07 \times 10^6}{5.08 \times 10^3} = 206.69(\text{N/mm}^2) \approx 205\text{N/mm}^2$$

满足规范的安全要求。

(2)支座扣件抗滑验算

$$R = 1.1 \times 7.46 \times 1.2 = 9.85(\text{kN}) < 2R_c = 16(\text{kN})$$

应采用双扣件抗滑。

(3)变形验算

直接支承方木的水平杆上的正常使用极限状态设计值，按胶合板及 50mm×100mm 方木自重、楼板新浇混凝土自重、楼板钢筋自重组合计算：

$$q = (0.3 + 3 + 0.132) \times 1.2 = 4.12(\text{kN/m})$$

$$v = 0.677\,\frac{ql^4}{100EI} = 0.677 \times \frac{4.12 \times 1200^4}{100 \times 2.1 \times 10^5 \times 12.19 \times 10^4} = 2.26(\text{mm})$$

验算时，其变形值不得超过计算跨度的 $l/400=1200/400=3$(mm)。

4.立杆稳定性计算

模板及支架自重标准值：0.75kN/m²

施工人员及设备荷载标准值：1.0kN/m²

对立杆工作稳定性验算，由于模板支架敞开架，挡风系数小，可忽略不计，单根立杆上的承载能力极限状态设计值，按模板及支架自重、楼板新浇混凝土自重、楼板钢筋自重、施工人员及设备荷载组合计算：

$$N = [(0.75 + 3 + 0.132) \times 1.2 \times 1.0 \times 1.4] \times 1.2^2 = 9.39(\text{kN})$$

模板支架立杆的计算长度 $l_0=1.2$m。

根据《建筑施工扣件式钢管脚手架安全技术规范》(JGJ 130—2001)表 5.3.3 取长度系数 $\mu=1.2$。

由《建筑施工扣件式钢管脚手架安全技术规范》(JGJ 130—2001)公式 5.3.3 得长细比

$$\lambda = \frac{l_0}{i} = \frac{\kappa\mu h}{i}$$

当时 $\kappa=1$ 时 $\lambda=\dfrac{1.5\times120}{1.58}=113.9<210$

当时 $\lambda=1.155$ 时， $\lambda=\dfrac{1.155\times1.5\times120}{1.58}=131.58$

查表 $\varphi=0.349$

$$\frac{N}{\varphi A} = \frac{9.39 \times 10^3}{0.349 \times 489} = 55.02(\text{N/mm}^2) < 205\text{N/mm}^2$$

满足《建筑施工扣件式钢管脚手架安全技术规范》(JGJ 130—2001)的安全要求。

地下室顶板组合钢模板

钢模板及连接件钢楞自重力 7.50N/m²×0.12

钢管支架自重力 0.250N/m^2 ×0.12

新浇筑混凝土自重力 25N/m^2 ×0.12

施工荷载 2.50N/m^2 ×0.12

钢筋自重力 1.10N/m^2 ×0.12

振捣混凝土时产生的荷载标准值为 2.0kN/m^2

合计：

地下室顶板组合钢模板

钢模板及连接件钢楞自重力 750N/m^2

钢管支架自重力 250N/m^2

新浇筑混凝土自重力 25000N/m^2

施工荷载 2500N/m^2

钢筋自重力 1100N/m^2

振捣混凝土时产生的荷载标准值为 2000kN/m^2

立柱立于内、外钢楞十字交叉处，每区格面积为 1.2×1.2=1.44(m^2)

每根立杆承受的荷载为 1.44×31600=45504(N)

立杆为 ϕ48×3.5，A=489mm^2

钢管回转半径为 i=15.8mm

按强度计算，支柱的受压应力为：

$$\sigma = \frac{N}{A} = \frac{45504}{489} = 93.06(\mathrm{N/mm^2})$$

按稳定性计算支柱的受压应力为：

$$长细比\ \lambda = \frac{l_0}{i} = \frac{1200}{15.8} = 75.9$$

查表 φ=0.722，则

$$\sigma = \frac{N}{\varphi A} = \frac{45504}{0.722 \times 489} = 128.89(\mathrm{N/mm})^2 < f = 215\mathrm{N/mm^2}$$

满足《建筑施工扣件式钢管脚手架安全技术规范》(JGJ 130—2001)的安全要求。

4.3 大模板计算

在多层、高层民用建筑剪力墙结构体系以及工业建筑上长度大的大块墙体(如挡土墙、水池墙壁等)中，采用大模板作为现浇混凝土墙的工具式侧模，可大大节省模板材料，提高机械化施工程度，降低劳动强度，节省劳力，加快施工进度，具有良好的技术经济效益。大模板的构造如图 4-1 所示，由面板、槽钢或角钢加劲横肋、小扁钢或型钢小纵肋、两根槽钢组合的大纵肋、穿墙螺栓以及支撑桁架稳定机构以及附件等组

成。其尺寸与墙面积相同或为它的模数。面板材料多采用 4～5mm 厚钢板或胶合板、玻璃钢面板，而以采用钢板较多。

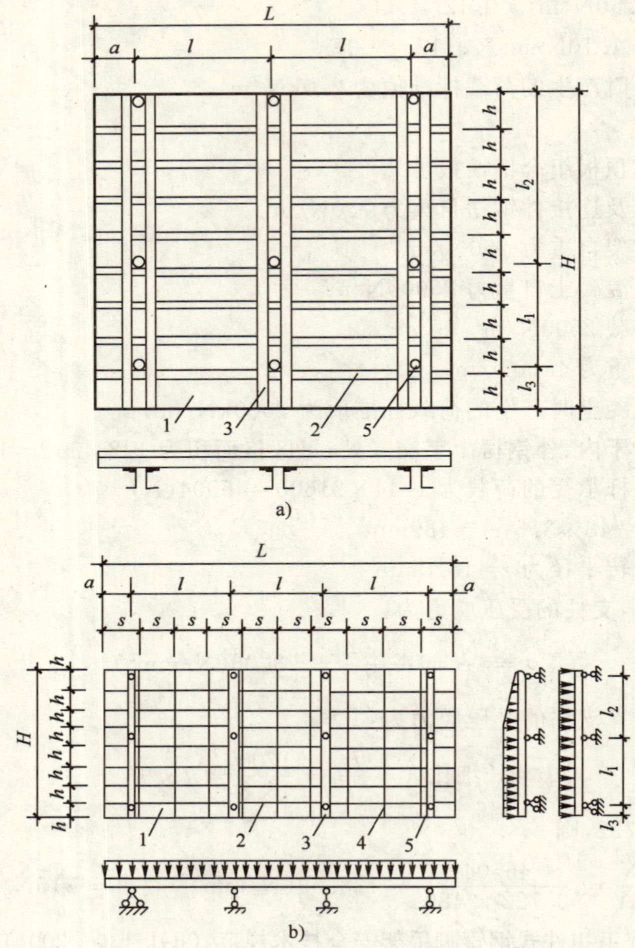

图 4-1　大模板构造图

a)单向板的大模板构造；b)双向板的大模板构造

1-面板；2-横肋；3-大纵肋；4-小纵肋；5-穿墙螺栓

4.3.1　工程概况

本工程为钢筋混凝土剪力墙结构，地上 18 层，地下 1 层；地上平面形式为匚形；建筑面积约为 67878m²，建筑总高约 56.0m。工程采用清水大模板，梁、柱模板、墙体模板采用 18mm 木模板；楼层板底模采用复合竹胶板，一次背方用 100mm × 50mm

木方，间距 200mm，二次背方用 ϕ48 钢管；模板支撑系统采用 ϕ48 钢管脚手架支撑，模板采取现场组装。

1. 模板受力分析

模板主要受混凝土侧压力，其传力途径为：混凝土自重及流体压力→多层木制板→竖肋→横肋（ϕ48 钢管）→对拉螺栓。

2. 模板侧压力的确定

根据国内试验研究，当模板高度 $H=2.5\sim3.0$m 时，为便于计算，侧压力可简化为如图 4-2 所示状态，其最大侧压力 $P_{max}=5\text{t/m}^2=50\text{kPa}=0.5\text{N/m}^2$，位置在分布线上 2.1m 处。

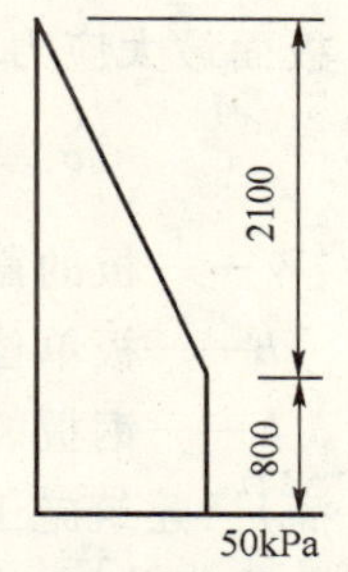

图 4-2　模板侧压力分布图（尺寸单位：mm）

4.3.2　大模板板面计算

本工程所采用的木制大模板无小肋，故板面按单向板计算，取最不利位置进行计算，如图 4-3 所示。

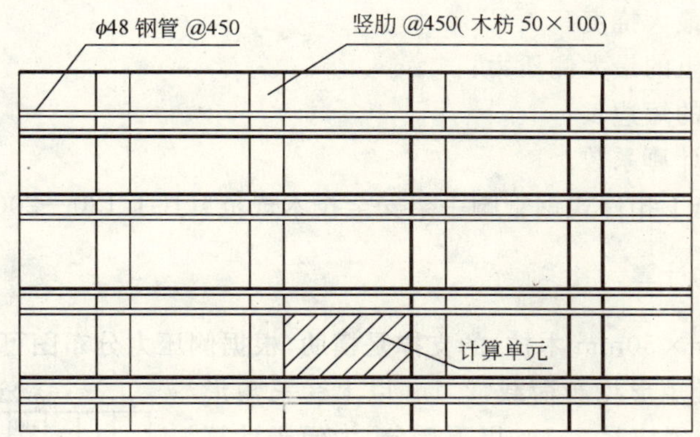

图 4-3　模板构造图

竖肋间距为 450mm，可按三跨连续梁考虑，取 10mm 宽板带作为计算单元，其计算简图见图 4-4（取 $q=0.5$N/mm）。

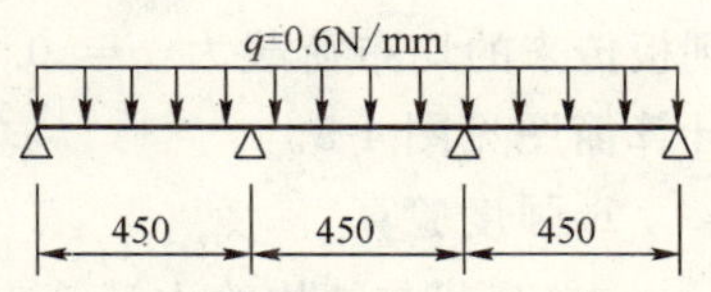

图 4-4　板面计算简图（尺寸单位：mm）

1. 板面强度验算

板跨比（跨度∶板厚＝450∶18）＝25＜100，属小挠度连续板。查《荷载与结构静力计算表》，可知最大弯矩系数 $k=-0.1$，

$$M_{max}=kql^2=0.1\times0.5\times450^2=10125(\text{N}\cdot\text{mm})$$

式中：k——内力计算系数，查《荷载与结构静力计算表》得；

q——从侧压力图形中得到的线布侧压力；

l——板的边长。

截面抵抗矩为：

$$W = bh^2/6 = 10 \times 18^2/6 = 540(\mathrm{mm}^3)$$

板面最大应力：

$$\sigma = M_{max}/W = 10125/540 = 18.75(\mathrm{N/mm^2}) < [f]$$

式中：W——板的截面抵抗短，$W=bh^2/6$；

b——板单位宽度，取 $b=1\mathrm{mm}$；

h——钢板的厚度。

满足《建筑施工扣件式钢管脚手架安全技术规范》(JGJ 130—2001)安全要求。

2. 挠度验算

查《荷载与结构静力计算表》，可知最大挠度系数 $k_f=0.677$，

$$\omega_{max} = k_f q l^4/100EI = 0.677 \times 0.5 \times 450^4/(100 \times 1.5 \times 10^5 \times 1 \times 18^3/12) = 1.904(\mathrm{mm}) < [\omega] = l/500$$

式中：ω——板的最大挠度；

q——混凝土的最大侧压力；

l——面板的短边长；

k_f——挠度计算系数。

满足《建筑施工扣件式钢管脚手架安全技术规范》(JGJ 130—2001)安全要求。

4.3.3 模板竖肋计算

竖肋(100mm×50mm 木枋)的支撑是横肋，根据侧压力分布图可知：在模板上口 2.1m 以下模板受矩形均布荷载，2.1m 以上受三角形荷载，其最不利位置应是 2.1m 以下部分，为便于计算和安全考虑，取均布荷载两连续跨来计算。故竖肋受到板传来的均布荷载为：$q = 0.5 \times 450 = 22.5\mathrm{N/mm}$，计算简图见图 4-5。

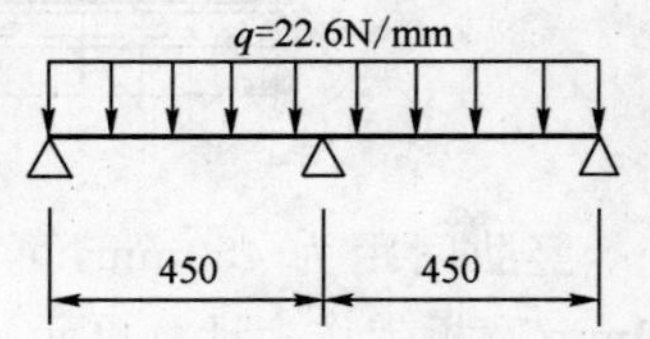

图 4-5 竖肋计算简图(尺寸单位：mm)

1. 强度验算

查《荷载与结构静力计算表》，可知最大弯矩系 $k=-0.125$，

$$M_{max} = kql^2 = 0.125 \times 22.5 \times 450^2 = 569530(\mathrm{N \cdot mm})$$

式中：k——内力计算系数，查《荷载与结构静力计算表》得；

q——均布荷载；

l——板的边长。

截面抵抗矩为：

$$W = bh^2/6 = 10 \times 50^2/6 = 41666.7\text{mm}^3$$

最大应力为：

$\sigma = M_{max}/W = 569530/41666.7 = 13.668(\text{N/mm}^2) < [f]$，能满足规范的安全要求。

式中：W——截面抵抗矩，$W = bh^2/6$；

b——板单位宽度；

h——钢板的厚度。

2. 挠度验算

查《荷载与结构静力计算表》，可知最大挠度系数 $k_f = 0.912$，

$$\omega_{max} = k_f ql^4/100EI = 0.912 \times 22.5 \times 450^4/(100 \times 1.5 \times 10^5 \times 1 \times 50^3/12)$$
$$= 0.53(\text{mm}) < [\omega] = l/500$$

式中：ω——板的最大挠度；

q——混凝土的最大侧压力；

l——面板的短边长；

k_f——挠度计算系数。

能满足《建筑施工扣件式钢管脚手架安全技术规范》(JGJ 130—2001)安全要求。

4.3.4　模板横肋计算

根据受力分析，横肋可视为以螺栓为支撑点的多跨连续梁，且竖肋所受板传来的荷载以集中力 P 形式传递给螺栓。取最不利位置来计算，按五跨连续梁来考虑，其计算简图见图 4-6。

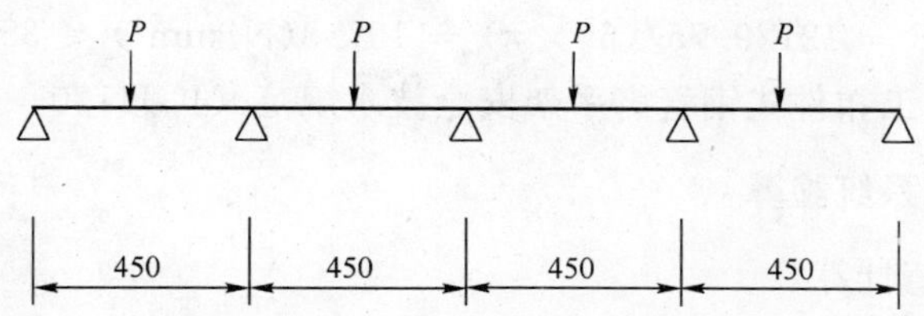

图 4-6　横肋计算简图(尺寸单位：mm)

1. 因横肋是两根 $\phi48$ 钢管组成，故每个钢管所受竖肋传来的集中荷载为：

$$P = ql \times 1/4 = 22.5 \times 450 \times 1/4 = 5062.5(\text{N})$$

查《荷载与结构静力计算表》，可知最大弯矩系数 $k = 0.171$，

$$M_{max} = kpl = 0.171 \times 5062.5 \times 450 = 389559.375(\text{N} \cdot \text{mm})$$

截面抵抗矩为：

$$W = \pi \text{d}^3/32 = 3.14 \times 48^3/32 = 10851.84(\text{mm}^3)$$

截面惯性矩为：

$$I=\pi d^4/64=3.14\times 48^4/64=260444.16(mm^4)$$

最大应力：

$$\sigma=M_{max}/W=389559.375/10851.84=35.9(N/mm^2)<[f]$$

满足规范的安全要求。

2.挠度计算

查《荷载与结构静力计算表》，可知最大挠度系数 $k_f=1.09$，

$$\omega_{max}=k_f pl^4/100EI=1.09\times 5062.5\times 450^4/(100\times 2.1\times 10^5\times 260444.16)$$
$$=0.9(mm)<[\omega]=l/500$$

满足《建筑施工扣件式钢管脚手架安全技术规范》(JGJ 130—2001)的安全要求。

4.3.5 挠度组合

1.板与竖肋组合

$$f_{板}+f_{竖肋}=1.904+0.8=2.704(mm)$$

2.板与横肋组合

$$f_{板}+f_{横肋}=1.904+0.9=2.804(mm)$$

4.3.6 螺栓强度验算

螺栓所受拉力即为横肋所受支座反力。查《荷载与结构静力计算表》，可知最大支座反力系数为 0.658 和 −0.54，故螺栓所受拉力为：

$$Q=2\times(0.658+0.54)\times p=2\times(0.658+0.54)\times 5062.5=12129.75(N)$$

螺栓所受的最大应力为：(螺栓直径为 12mm)

$$\sigma=Q/S=12129.75/(6^2\times\pi)=107.3(N/mm^2)<355N/mm^2$$

满足《建筑施工扣件式钢管脚手架安全技术规范》(JGJ 130—2001)安全要求。

4.3.7 模板支撑系统验算

1.荷载设计值计算

本工程楼板最厚处为 200mm，梁宽 −1 层最大 300mm，梁高最高 600mm，地上标准层(2～18 层)梁宽均为 200mm，梁高最高 1400mm，现以 200mm 厚楼板和 200mm×1400mm 梁进行支架稳定性验算。

(1)模板及其支架自重

①因竹胶板自重小于定型组合钢模板，为减少计算量，模板自重均按组合钢模板考虑。

模板自重设计值：0.75×1.2(分项系数)=0.90(kN/m²)

②钢管自重设计值：0.0384×1.2(分项系数)=0.04608(kN/m)

③木方自重设计值：0.040×1.2(分项系数)=0.048(kN/m)

(2)新浇混凝土自重设计值：

板：$24 \times 0.25 \times 1.2$(分项系数) $= 7.2(kN/m^2)$

梁：11.52×1.2(分项系数) $= 13.824(kN/m)$

(3)钢筋自重设计值：

板：0.324×1.2(分项系数) $= 0.3888(kN/m^2)$

梁：0.72×1.2(分项系数) $= 0.864(kN/m)$

(4)施工人员及设备荷载设计值：

①计算模板及直接支承模板的小楞时：2.5×1.4(分项系数)$=3.5(kN/m^2)$；另以集中荷载再行验算，比较两者间所得最大值，取大值。

②计算直接支承小楞结构构件时，均布荷载取1.5×1.4(分项系数)$=2.1(kN/m^2)$

③计算支架立柱时：1.0×1.4(分项系数)$=1.4(kN/m^2)$

(5)振捣混凝土时产生的荷载设计值：

①水平面模板：2×1.4(分项系数)$=2.8(kN/m^2)$

②垂直面模板：4×1.4(分项系数)$=5.6(kN/m^2)$

(6)新浇混凝土对模板侧面的压力设计值(墙)：

$$F = 0.22\gamma_c t_0 \beta_1 \beta_2 V^{1/2} \times 1.2(\text{分项系数})$$
$$= 0.22 \times 24 \times 3 \times 1.2 \times 1.15 \times 3.8^{1/2} \times 1.2$$
$$= 51.12(kN/m^2)$$

$$F = r_c H \times 1.2(\text{分项系数}) = 24 \times 4.5 \times 1.2 = 129.6(kN/m^2)$$

两式取较小值： $F=51.12kN/m^2$

式中：F——新浇筑混凝土对模板的最大侧压力，kN/m^2；

γ_c——混凝土的重力密度，kN/m^3；

t_0——混凝土的初凝时间，h，可按实测确定，当缺乏实验资料时，可采用 $t_0=\dfrac{200}{T+15}$计算；

v——混凝土的浇筑速度，m/h；

β_1——外加剂影响修正系数，不掺外加剂时取1.0，掺具有缓凝作用的外加剂时取1.2；

β_2——混凝土坍落度影响修正系数，当坍落度小于30mm时，取0.85；坍落度为50～90mm时，取1.00；坍落度为110～150mm时，取1.15；

H——混凝土侧压力计算位置处到新浇筑混凝土顶面的高度，m。

2.荷载组合计算

(1)板模板及支架计算承载力：

$(0.9 + 0.24 + 0.512) + 7.2 + 0.3888 + 1.4$(计算支架立柱) $= 10.18(kN/m^2)$

(2)梁底模及支架计算承载力：

$[0.9+(0.0512+0.1536)]+13.824+0.864+2.8=18.5928(kN/m^2)$

(3)验算刚度：

$$15.7928kN/m^2$$

3.梁支架系统验算

$\phi48\times3.5$ 钢管参数见表 4-4。

$\phi48\times3.5$ 钢管参数表 表 4-4

材料名称	$\phi48\times3.5$ 钢管	材料名称	$\phi48\times3.5$ 钢管
截面面积 A	$4.89cm^2$	截面抵抗矩 W	$5.08cm^3$
截面惯性矩 I	$12.18cm^4$	弹性模量 E	$2.6\times10^3 N/mm^2$
截面回转半径 i	$(1/4)(D^2+d^2)^{1/2}=1.58cm$	截面宽度 b	450mm

$[f]=205N/mm^2$　$D=48mm$　$d=41mm$

立杆计算长度：　$l_0=1500mm$

立杆长细比：

$$\lambda=l_0/i=1500/15.8=95.046\approx96$$

查表得轴心受压稳定系数　$\varphi=0.631$

立杆验算：

每根立杆所受力为：$N=(19.14\times0.9\times0.6)/2=5.17(kN)$

按稳定性计算允许承载力

$$[N]=131052\quad Q=131052\times0.631=82.693(kN)>N$$

满足《建筑施工扣件式钢管脚手架安全技术规范》(JGJ 130—2001)的安全要求。

十字扣件抗滑移能力 7.2kN>N 同样满足规范的安全要求(大楞是通过十字扣件与立杆连接传力的)。

4.4　滑动模板千斤顶数量计算

滑动式模板是在混凝土浇筑过程中，随着浇筑而滑移(滑升、拉升或水平滑移)的模板，简称滑模，以竖向滑升应用最广。滑升式模板是先在地面上按照建筑物的平面轮廓组装一套 1.0～1.2m 高的模板，随着浇筑层的不断上升而逐渐滑升，直至完成整个建筑物计划高度内的浇筑。滑模施工的优点是可以节约模板和支撑材料，加快施工进度，改善施工条件，保证结构的整体性，提高混凝土表面质量，降低工程造价。缺点是滑模系统一次性投资大、耗钢量大、且保温条件差，不宜于低温季节使用。滑模施工最适于断面形状尺寸沿高度基本不变的高耸建筑物，如竖井、沉井、墩墙、烟囱、水塔、筒仓、框架结构等的现场浇筑。

4.4.1 工程概况

本工程为某工程续建工程，为 280 万吨/年重油催化裂化装置 120m 烟囱滑模施工方案，120m 烟囱位于装置区北部，北邻 108 道路。筒身为一截面圆锥形连续变截面结构。全部滑升高度为 120m。筒身直径与壁厚自下而上随着高度的增加而逐渐缩小，囱壁外表面坡度 1.00～21.00m 为 3%，21.00～121.00m 为 2%，烟囱下口外径为 11980mm，出口外径为 6780mm，出口内径为 5800mm，根据工程情况采用滑动模板，现计算模板所需千斤顶数量。

4.4.2 千斤顶数量确定的计算

液压提升系统所需的千斤顶和支承杆的最少数量可按下式计算：

$$n = N/P$$

式中：N——总垂直荷载；

P——单个千斤顶的计算承载力，按支承杆允许承载力或千斤顶的允许承载能力(为千斤顶额定承载力的 1/2)，两者取其较小者。

设计围圈提升架时取值 1.5 kN/m^2(参见施工手册第 863 页)；

模板与混凝土磨阻力取模板($88.47m^2 \times 0.2t/m^2$)；

平台实际荷载 23.3t；

N＝132(平台面积)×1.5(取值)×0.102＋23.3(实重)＋18(摩)＋6.93(刹车动力)

＝68.43t＝684.3kN

4.4.3 质量总计

(1)提升架质量：

□16　$2.7 \times 2 \times 24 \times 17.24 = 2235$(kg)

□12　$1.6 \times 2 \times 24 \times 12.059 = 926$(kg)

$L70$　$1.6 \times 2 \times 24 \times 7.398 = 568$(kg)

$\Phi16$　$0.48 \times 8 \times 24 \times 1.58 = 146$(kg)

$\Phi48$　钢管 $1.8 \times 4 \times 24 \times 24 \times 3.85$kg/m $= 665$(kg)

(2)中心鼓圈质量：

□14　$1.8 \times 14.535 \times 2 = 164.39$(kg)

(3)主辐射梁质量：

□14　$5.7 \times 14.535 \times 24 = 1988$(kg)

(4)副辐射梁质量：

$$□14\quad 4.77 \times 14.535 \times 24 = 1664(\text{kg})$$

(5)外围圈质量：

$$□14\quad 1.62 \times 14.535 \times 24 = 565(\text{kg})$$

(6)内围圈质量：

$$□14\quad 0.9 \times 12 \times 14.535 = 157(\text{kg})$$

(7)拉索 $\phi 16$ 质量：

$$3 \times 24 \times 1.58 = 114(\text{kg})$$

(8)钢模板系统质量：

$$\text{模板}(1.2 \times 35 + 1.5 \times 38) \times 40 = 3960(\text{kg})$$

$$\phi 48\ \text{钢管}\ 3.5 \times 12 \times 2 \times 4 \times 3.85 = 1293.60(\text{kg})$$

(9)千斤顶质量:28kg/台

(10)高压油管质量:120kg

(11)液压控制台质量:150kg

(12)随升井架(规格 1.2×1.2×9)质量：1763.94kg

(13)0.5t 卷扬机质量：

$$140 \times 2 = 280(\text{kg})$$

(14)内外吊脚手架、平台质量：2265.10kg

(15)木板质量：8×4×102=3264(kg)

(16)吊笼质量：200kg

(17)料斗质量：150kg

(18)随升起重设备刹车制动力可按下式计算:(计:6.93t)

吊笼　$W = KQ = 2.5 \times (\text{自重}\ 200 + \text{货物重}\ 700) = 2250(\text{kg})$

料斗　$W = KQ = 4683\text{kg}$

式中:K——动力荷载系数取 2～3 之间；

Q——料罐总重。

$$n = N/P = 68.43/6 = 11.4(\text{台})$$

安全系数 $K=2$,需千斤顶数量 $n=2\times 11.4=22.8$(台),所以本工程定 24 台千斤顶。

4.5 模板扣件钢管高支撑架计算

高支撑架的计算参照《建筑施工扣件式钢管脚手架安全技术规范》(JGJ 130—2001)。支撑高度在 4m 以上的模板支架被称为扣件式钢管高支撑架,对于高支撑架的计算规范存在重要疏漏,极容易出现不能确保安全的计算结果。故计算中还需参照《施工技术》杂志 2002 年 3 月刊中《扣件式钢管模板高支撑架设计和使用安全》一文。

4.5.1 工程概况

本工程结构高度为 9.35m，为一通高层框架结构，梁底标高为 8.4m，梁高主梁为 400mm×850mm，次梁 250mm×560mm，顶板厚 160mm，柱为 600mm×600mm 为主及部分 800mm×800mm，其中柱按楼层标高分二次浇捣，第一次浇至与一层结构相同标高，第二次只浇筑到梁锚筋下口，第三次至高支撑部位梁同 9.25m 楼层同时浇捣。根据本工程特点：排架的计算高度为 9m，采用外径 48mm，壁厚 3.5mm 的钢管搭设，梁模板支撑架立面简图见图 4-7。

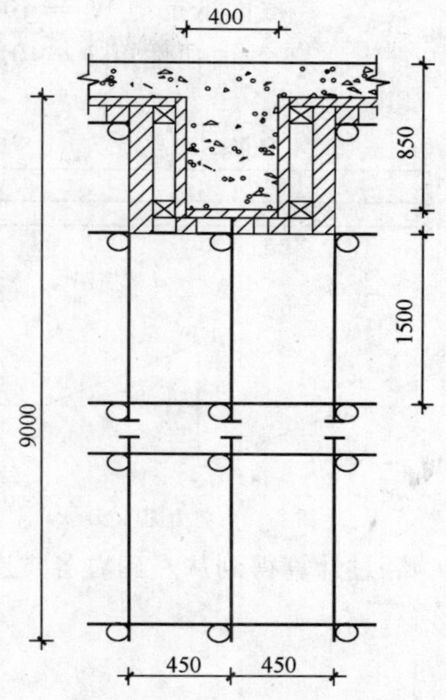

图 4-7 梁模板支撑架立面简图(尺寸单位：mm)

模板支架搭设高度为 9.0m，基本尺寸为：梁截面 $B \times D = 400\text{mm} \times 850\text{mm}$，梁支撑立杆的横距(跨度方向)$l = 0.80\text{m}$，立杆的步距 $h = 1.60\text{m}$，梁底增加 1 道承重立杆。

采用的钢管类型为 $\phi48 \times 3.5$，计算按 $\phi48 \times 3.0$ 计算以提高安全系数，保证整个排架的稳定。

4.5.2 模板面板计算

面板为受弯结构，需要验算其抗弯强度和刚度。模板面板按照多跨连续梁计算。作用荷载包括梁与模板自重荷载、施工活荷载等，计算简图见图 4-8，弯矩图、剪力图、变形图分别见图 4-9、图 4-10、图 4-11。

(1)荷载的计算

①钢筋混凝土梁自重(kN/m)：

$$q_1 = 25.000 \times 0.850 \times 0.400 = 8.500(\text{kN/m})$$

②模板的自重线荷载(kN/m)：

$$q_2 = 0.350 \times 0.400 \times (2 \times 0.850 + 0.400)/0.400 = 0.735(\text{kN/m})$$

③活荷载为施工荷载标准值与振倒混凝土时产生的荷载(kN)：

活荷载标准值 $P_1 = (1.000 + 2.000) \times 0.400 \times 0.400 = 0.480(\text{kN})$

均布荷载 $q = 1.2 \times 8.500 + 1.2 \times 0.735 = 11.082(\text{kN/m})$

集中荷载 $P = 1.4 \times 0.480 = 0.672(\text{kN})$

面板的截面惯性矩 I 和截面抵抗矩 W 分别为：

$$截面抵抗矩\ W = 40.00 \times 1.80 \times 1.80/6 = 21.60(\mathrm{cm}^3)$$

$$截面惯性矩\ I = 40.00 \times 1.80 \times 1.80 \times 1.80/12 = 19.44(\mathrm{cm}^4)$$

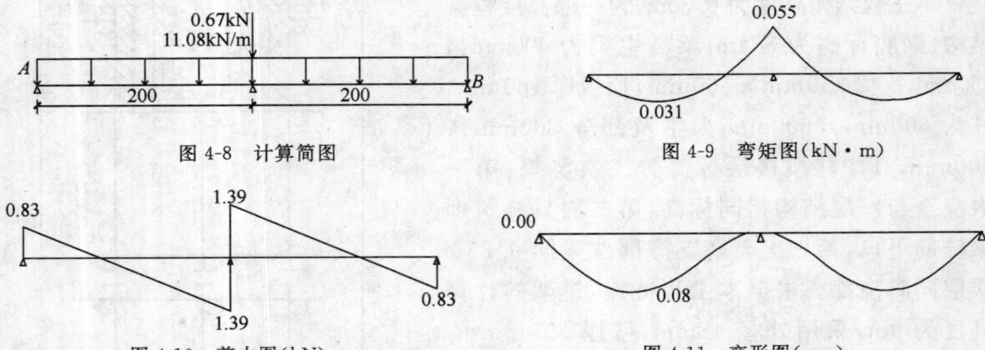

图 4-8 计算简图

图 4-9 弯矩图(kN·m)

图 4-10 剪力图(kN)

图 4-11 变形图(mm)

经过计算得到从左到右各支座力分别为：

$$N_1 = 0.831\mathrm{kN}$$

$$N_2 = 3.443\mathrm{kN}$$

$$N_3 = 0.831\mathrm{kN}$$

最大弯矩 M=0.055kN·m

最大变形 V=0.1mm

(2)抗弯强度计算

经计算得到面板抗弯强度计算值 f=0.055×1000×1000/21600=2.546(N/mm²)；

面板的抗弯强度设计值[f]，取 15.00N/mm²；

面板的抗弯强度验算 f<[f]，满足规范的安全要求。

(3)抗剪计算[可以不计算]

截面抗剪强度计算值 $T = 3 \times 1385.0/(2 \times 400.000 \times 18.000) = 0.289(\mathrm{N/mm^2})$

截面抗剪强度设计值 $[T] = 1.40\mathrm{N/mm^2}$

抗剪强度验算 $T < [T]$，满足规范的安全要求。

(4)挠度计算

面板最大挠度计算值 $\omega = 0.080\mathrm{mm}$

面板的最大挠度小于 200.0/250，满足规范的安全要求。

4.5.3 梁底支撑木方的计算

1. 木方荷载计算

(1)按照三跨连续梁计算，最大弯矩考虑为静荷载与活荷载的计算值最不利分配的弯矩和，计算公式如下：

$$均布荷载\ q = 3.443/0.400 = 8.606(\mathrm{kN/m})$$

$$最大弯矩\ M = 0.1ql^2 = 0.1 \times 8.61 \times 0.40 \times 0.40 = 0.138(\mathrm{kN \cdot m})$$

$$最大剪力\ Q = 0.6 \times 0.400 \times 8.606 = 2.066(\mathrm{kN})$$

$$最大支座力\ N = 1.1 \times 0.400 \times 8.606 = 3.787(\mathrm{kN})$$

木方的截面力学参数为：

$$截面抵抗矩\ W = 5.00 \times 9.00 \times 9.00/6 = 67.50(\mathrm{cm^3})$$

$$截面惯性矩\ I = 5.00 \times 9.00 \times 9.00 \times 9.00/12 = 303.75(\mathrm{cm^4})$$

(2)木方抗弯强度计算

$$抗弯计算强度\ f = 0.138 \times 10^6/67500.0 = 2.04(\mathrm{N/mm^2})$$

木方的抗弯计算强度小于 13.0N/mm^2，满足规范的安全要求。

(3)木方抗剪计算[可以不计算]

最大剪力的计算公式如下：

$$Q = 0.6ql$$

截面抗剪强度必须满足：

$$T = 3Q/2bh < [T]$$

截面抗剪强度计算值 $T=3\times2066/(2\times50\times90)=0.689(\mathrm{N/mm^2})$

截面抗剪强度设计值$[T]=1.30\mathrm{N/mm^2}$

木方的抗剪强度计算满足规范的安全要求。

(4)木方挠度计算

最大挠度 $v=0.677\times7.172\times400.0^4/(100\times9500.00\times3037500.0)=0.043(\mathrm{mm})$

木方的最大挠度小于 400.0/250，满足规范的安全要求。

4.5.4 梁底支撑钢管计算

1. 梁底支撑横向钢管计算

横向支撑钢管按照集中荷载作用下的连续梁计算，计算简图、弯矩图、变形图、剪力图分别见图 4-12、图 4-13、图 4-14、图 4-15。

集中荷载 P 取木方支撑传递力。

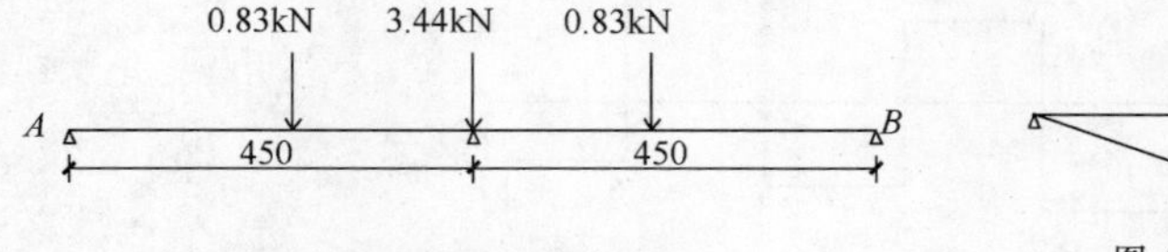

图 4-12 支撑钢管计算简图

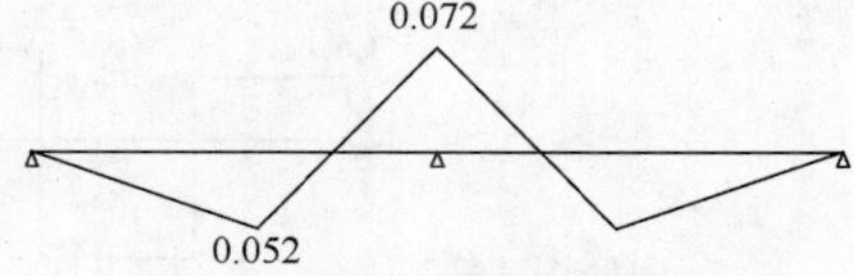

图 4-13 支撑钢管弯矩图(kN · m)

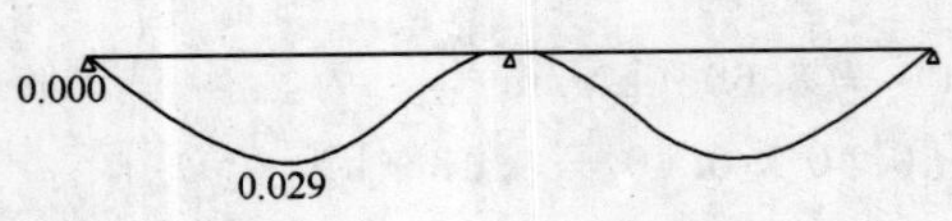

图 4-14　支撑钢管变形图(mm)

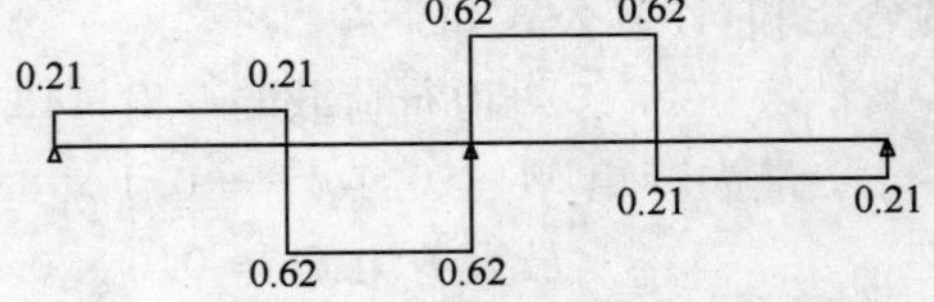

图 4-15　支撑钢管剪力图(kN)

经过连续梁的计算得到

$$最大弯矩\ M_{max} = 0.072\text{kN}\cdot\text{m}$$

$$最大变形\ V_{max} = 0.029\text{mm}$$

$$最大支座力\ Q_{max} = 4.685\text{kN}$$

$$抗弯计算强度\ f = 0.072\times10^6/4491.0 = 15.99(\text{N/mm}^2)$$

支撑钢管的抗弯计算强度小于 205.0N/mm²,满足规范的安全要求。

支撑钢管的最大挠度小于 450.0/150 与 10mm,满足规范的安全要求。

2.梁底支撑纵向钢管计算

纵向支撑钢管按照集中荷载作用下的连续梁计算,计算简图、弯矩图、变形图、剪力图分别见图 4 -15、图 4-16、图 4-17、图 4-18。

集中荷载 P 取横向支撑钢管传递力。

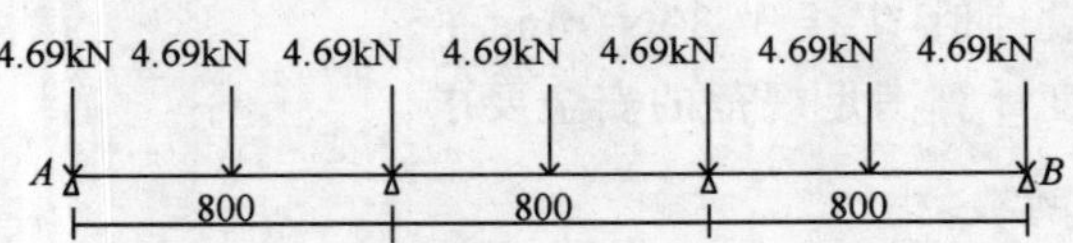

图 4-16　支撑钢管计算简图

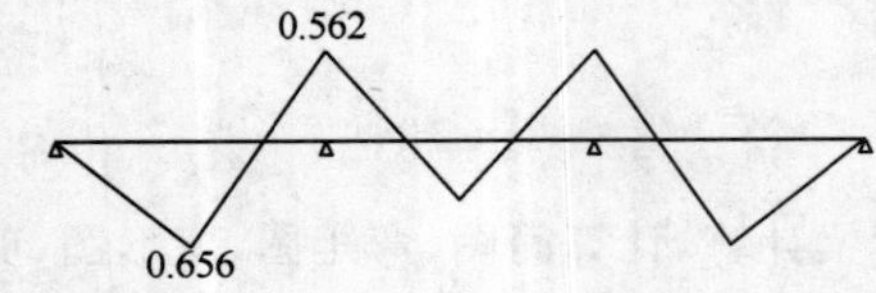

图 4-17　支撑钢管弯矩图(kN·m)

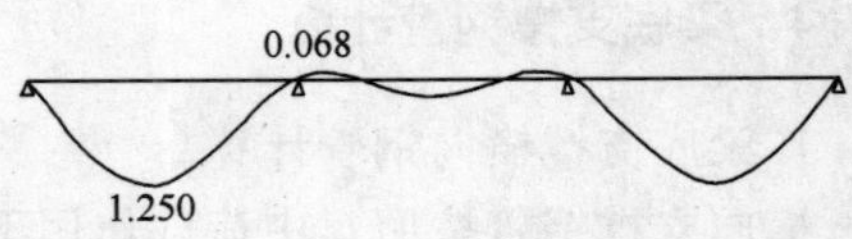

图 4-18　支撑钢管变形图(mm)

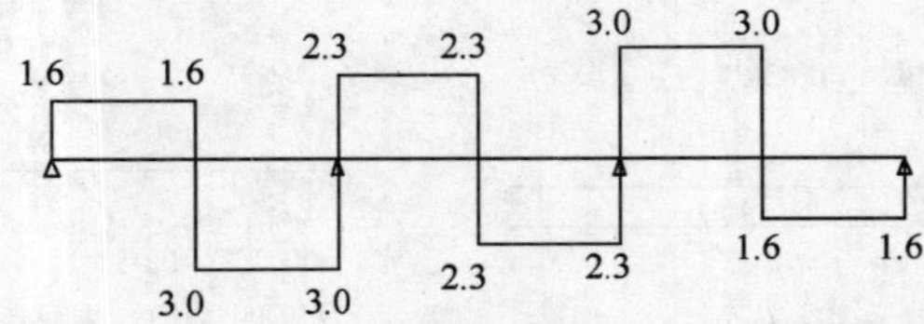

图 4-19　支撑钢管剪力图(kN)

经过连续梁的计算得到

$$最大弯矩\ M_{max} = 0.656\text{kN} \cdot \text{m}$$

$$最大变形\ V_{max} = 1.250\text{mm}$$

$$最大支座力\ Q_{max} = 10.073\text{kN}$$

$$抗弯计算强度\ f = 0.656 \times 10^6 / 4491.0 = 146.06(\text{N/mm}^2)$$

支撑钢管的抗弯计算强度小于 205.0N/mm²，满足规范的安全要求。

支撑钢管的最大挠度小于 800.0/150 与 10mm，满足规范的安全要求。

4.5.5 扣件抗滑移的计算

纵向或横向水平杆与立杆连接时，扣件的抗滑承载力按照下式计算：

$$R \leqslant R_c$$

式中：R_c——扣件抗滑承载力设计值，取 8.0kN；

R——纵向或横向水平杆传给立杆的竖向作用力设计值。

计算中 R 取最大支座反力，R=10.07kN，单扣件抗滑承载力的设计计算不满足规范的安全要求，可以考虑采用双扣件。当直角扣件的拧紧力矩达 40～65N·m 时，试验表明：单扣件在 12kN 的荷载下会滑动，其抗滑承载力可取 8.0kN；双扣件在 20kN 的荷载下会滑动，其抗滑承载力可取 12.0kN。

4.5.6 立杆的稳定性计算

1.立杆的稳定性计算公式：

$$\sigma = N/\varphi A \leqslant [f]$$

式中：N——立杆的轴心压力设计值，它包括：

横杆的最大支座反力 N_1=10.07kN（已经包括组合系数 1.4）

脚手架钢管的自重 N_2=1.2×0.129×9.000=1.394(kN)

$$N = 10.073 + 1.394 = 11.468\text{kN};$$

φ——轴心受压立杆的稳定系数，由长细比 l_0/i 查表得到；

i——计算立杆的截面回转半径，cm，i=1.60；

A——立杆净截面面积，cm²，A=4.24；

W——立杆净截面抵抗矩，cm³，W=4.49；

σ——钢管立杆抗压强度计算值，N/mm²；

$[f]$——钢管立杆抗压强度设计值，$[f]$=205.00N/mm²；

l_0——计算长度 ，m；

2.如果完全参照《建筑施工扣件式钢管脚手架安全技术规范》(JGJ 130—2001)不考虑高支撑架，由公式(1)或(2)计算

$$l_0 = k_1 uh \quad (1)$$

$$l_0 = (h + 2a) \quad (2)$$

式中：k_1——计算长度附加系数，按照表 4-5 取值为 1.185；

u——计算长度系数，参照《建筑施工扣件式钢管脚手架安全技术规范》（JGJ 130—2001）$u=1.70$；

a——立杆上端伸出顶层横杆中心线至模板支撑点的长度，$a=0.05$m。

公式(1)的计算结果：$\sigma=134.59\text{N/mm}^2$，立杆的稳定性计算 $\sigma<[f]$，满足规范的安全要求。

公式(2)的计算结果：$\sigma=46.01\text{N/mm}^2$，立杆的稳定性计算 $\sigma<[f]$，满足规范的安全要求。

3. 如果考虑到高支撑架的安全因素，适宜由公式(3)计算

$$l_0 = k_1 k_2 (h + 2a) \quad (3)$$

式中：k_2——计算长度附加系数，按照表 4-6 取值为 1.021。

公式(3)的计算结果：$\sigma=60.61\text{N/mm}^2$，立杆的稳定性计算 $\sigma<[f]$，满足规范的安全要求。

模板承重架应尽量利用剪力墙或柱作为连接连墙件，本工程可利用已浇筑及主楼的排架结构相连接形成一个整体的支撑结构系统。

模板支架计算长度附加系数 k_1 表　　表 4-5

步距 h(m)	$h\leqslant0.9$	$0.9<h\leqslant1.2$	$1.2<h\leqslant1.5$	$1.5<h\leqslant2.1$
k_1	1.243	1.185	1.167	1.163

模板支架计算长度附加系数 k_2 表　　表 4-6

H(m)	4	6	8	10	12	14	16	18	20	25	30	35	40
$h+2a$(m)													
1.35	1.0	1.014	1.026	1.039	1.042	1.054	1.061	1.081	1.092	1.113	1.137	1.155	1.173
1.44	1.0	1.012	1.022	1.031	1.039	1.047	1.056	1.064	1.072	1.092	1.111	1.129	1.149
1.53	1.0	1.007	1.015	1.024	1.031	1.039	1.047	1.055	1.062	1.079	1.097	1.114	1.132
1.62	1.0	1.007	1.014	1.021	1.029	1.036	1.043	1.051	1.056	1.074	1.090	1.106	1.123
1.80	1.0	1.007	1.014	1.020	1.026	1.033	1.040	1.046	1.052	1.067	1.081	1.096	1.111
1.92	1.0	1.007	1.012	1.018	1.024	1.030	1.035	1.042	1.048	1.062	1.076	1.090	1.104
2.04	1.0	1.007	1.012	1.018	1.022	1.029	1.035	1.039	1.044	1.060	1.073	1.087	1.101
2.25	1.0	1.007	1.010	1.016	1.020	1.027	1.032	1.037	1.042	1.057	1.070	1.081	1.094
2.70	1.0	1.007	1.010	1.016	1.020	1.027	1.032	1.037	1.042	1.053	1.066	1.078	1.091

注：上表参照 杜荣军《扣件式钢管模板高支撑架设计和使用安全》载《施工技术》杂志 2002 年 3 月刊。

第5章 混凝土工程

混凝土配合比设计，实质上就是确定四项材料用量之间的三个对比关系，即：水与水泥之间的对比关系，用水灰比 W/C 表示；砂与石之间的对比关系，用砂率 β 表示；水泥浆与集料之间的对比关系，常用单位用水量来表示。通常把水灰比、砂率和单位用水量称为混凝土配合比的三个参数，这三个参数与混凝土的各项性能之间有着密切的关系，正确的确定这三个参数，就能使混凝土满足各项技术经济指标。

《普通混凝土配合比设计规程》(JGJ 55—2000)中还规定了其他一些混凝土配合比设计中基本参数的选取原则。外加剂和掺合料的掺量应通过试验确定，并应符合国家现行标准《混凝土外加剂应用技术规范》(GB 50119—2003)和《粉煤灰在混凝土和砂浆中应用技术规程》(JGJ 86)的规定。长期处于潮湿和严寒环境中的混凝土，应掺用引气剂或减水剂。引气剂的掺入量应根据混凝土的含气量并经试验确定，最小含气量应符合相关的规定，但不宜超过7%。混凝土中的粗细骨料应做坚固性试验，并且其表观密度 ρ_g 及 ρ_s 应按国家现行标准《标准用卵石、碎石》(GB/T 14685—2001)和《建筑用砂》(GB/T 14684—2001)所规定的方法测定。

5.1 普通混凝土配合比计算

5.1.1 工程概况

某工程的钢筋混凝土梁，混凝土设计强度等级为C20，坍落度要求35～50mm。施工单位生产质量水平优良，采用机械拌合，机械振捣。采用42.5级普通硅酸盐水泥，实际强度为43MPa；密度为3100kg/m^3 中砂，表观密度为2650kg/m^3，堆积密度为

1500kg/m³;碎石,粒级为5～20mm,表观密度为2680kg/m³,堆积密度为1500kg/m³;自来水。集料为干燥状态。

5.1.2 混凝土配合比计算

1.计算混凝土配制强度

按下式计算:

$$f_{cu,0} \geqslant f_{cu,k} + 1.645Sf_{cu}$$

式中:$f_{cu,0}$——混凝土的施工配制强度,MPa;

$f_{cu,k}$——设计的混凝土立防体抗压强度标准值,MPa。

根据表5-1得混凝土强度标准差Sf_{cu}为4.0MPa。

Sf_{cu}取值表 表5-1

混凝土强度等级	<C15	C20～C35	>C35
Sf_{cu}(N/mm²)	4	5	6

$$f_{cu,0} \geqslant f_{cu,k} + 1.645Sf_{cu} = 20 + 1.645 \times 4.0 = 26.58\text{MPa}$$

取 $f_{cu,0} = 26.6$MPa。

2.计算水灰比

按下式计算:

$$W/C = \frac{\alpha_a \cdot f_{ce}}{f_{cu,0} + \alpha_a \cdot \alpha_b \cdot f_{ce}}$$

式中:α_a、α_b——回归系数见表5-2;

f_{ce}——水泥28d抗压强度实测值,MPa;

W/C——混凝土所要求的水灰比。

回归系数α_a、α_b选用表 表5-2

回归系数	碎石	卵	回归系数	碎石	卵
α_a	0.46	0.48	α_b	0.07	0.33

$$W/C = \frac{\alpha_a \cdot f_{ce}}{f_{cu,0} + \alpha_a \cdot \alpha_b \cdot f_{ce}} = \frac{0.46 \times 43}{26.6 + 0.46 \times 0.07 \times 43} = 0.71$$

按《普通混凝土配合比设计规程》(JGJ 55—2000)中表4.0.4复核,$W/C=0.71$不满足耐久性要求,故按表取最大水灰比$W/C=0.65$。

3. 用水量计算

本工程中要求坍落度为 35～50mm，碎石最大粒径为 20mm，查表 5-3 得每立方米混凝土用水量为 $m_{wo}=195$kg。

塑性混凝土的用水量表　（单位：kg/m³）　表 5-3

拌合物稠度		卵石最大粒径/mm				碎石最大粒径/mm			
项目	指标	10	20	31.5	40	16	20	31.5	40
坍落度（mm）	10～30	190	170	160	150	200	185	175	165
	35～50	200	180	170	160	210	195	185	175
	55～70	210	190	180	170	220	205	195	185
	75～90	215	195	185	175	215	215	205	195

注：1. 本表用水量系采用中砂时的平均值。采用细砂时，每 1m³ 混凝土用水量可增加 5～10kg；采用粗砂时则可减少砂 5～10kg。

2. 掺用各种外加剂或掺和料时，用水量应相应调整。

4. 计算 1m³ 混凝土水泥用量

$$m_{co}=\frac{m_{wo}}{W/C}$$

式中：m_{co}——每立方米水泥用量，kg；

m_{wo}——未掺外加剂混凝土每立方米混凝土中的用水量，kg。

$$m_{co}=\frac{m_{wo}}{W/C}=\frac{1}{W/C}\times m_{wo}=\frac{1}{0.65}\times 195=300(\text{kg})$$

按《普通混凝土配合比设计规程》(JGJ 55—2000)表 5-20 复核，混凝土最小水泥用量为 260kg/m³，小于计算值，即水泥用量满足耐久性要求。

5. 砂率计算

$W/C=0.65$，碎石最大粒径为 20mm，查表(JGJ 55—2000)5-24 得 $\beta_s=36\%\sim42\%$，选砂率为 39%。

6. 集料用量计算

采用质量法按下式计算（取 $m_{cp}=2400$kg/m³）：

$$m_{cp}=m_{co}+m_{go}+m_{so}+m_{wo}$$

$$\beta_s=\frac{m_{so}}{m_{so}+m_{go}}\times 100\%$$

联立方程

$$300+m_{go}+m_{so}+195=2400$$

$$\beta_s=\frac{m_{so}}{m_{so}+m_{go}}\times 100\%=39\%$$

$$m_{so}=743\text{kg}\quad m_{go}=1162\text{kg}$$

式中：m_{co}——每立方米混凝土的水泥用量，kg；

m_{go}——每立方米混凝土的粗集料用量，kg；

m_{so}——每立方米混凝土的细集料用量，kg；

m_{wo}——每立方米混凝土的用水量，kg；

m_{cp}——每立方米混凝土拌合物的假定质量，kg，其值可取 2350～2450kg；

β_s——砂率，%。

采用体积法按下式计算（取 $\alpha=1$）

$$\frac{m_{co}}{\rho_c}+\frac{m_{go}}{\rho_g}+\frac{m_{so}}{\rho_s}+\frac{m_{wo}}{\rho_w}+0.01\alpha=1$$

$$\beta_s=\frac{m_{so}}{m_{so}+m_{go}}\times 100\%$$

联立方程

$$\frac{300}{3100}+\frac{m_{go}}{2680}+\frac{m_{so}}{2650}+\frac{195}{1100}+0.01\times 1=1$$

$$\beta_s=\frac{m_{so}}{m_{so}+m_{go}}\times 100\%=39\%$$

$$m_{so}=728\text{kg}\quad m_{go}=1139\text{kg}$$

式中：ρ_c——水泥密度，一般可取 2900～3100kg/m^3；

ρ_s——细集料的表观密度，kg/m^3；

ρ_g——粗集料的表观密度，kg/m^3；

ρ_w——水的密度，一般可取 1000kg/m^3；

α——混凝土的含气量百分数，在不使用引气剂时，可取 1。

5.1.3 初步配合比计算

以 1 m^3 混凝土中各项材料的质量来表示。用每立方米混凝土中水泥、粗细骨料及水的质量表示：

$$m_{co}:m_{so}:m_{go}=300:743:1162=1:2.48:3.87$$

以水泥用量为 1 的各种材料比值来表示。按下式计算：

$$m_{co}:m_{so}:m_{go}=300:728:1139=1:2.43:3.80$$

1. 试配与调整

(1)材料用量计算

根据集料最大粒径，取 15L 混凝土拌合物，当采用质量法时，各材料用量为：

$$m_{co}=300\times\frac{15}{1000}=4.5(\text{kg})$$

$$m_{so}=11.45\text{kg}\quad m_{go}=17.43\text{kg}\quad m_{wo}=2.93\text{kg}$$

(2)和易性调整

经检验,试拌后的混凝土拌合物坍落度值为56mm,故需调整。经减少3%水泥浆后,测得坍落度为43mm,满足要求。检查黏聚性和保水性均良好,即满足和易性要求。此时各材料用量为:

$m'_{co}=4.5-4.5\times0.03=4.37\text{kg}$　　$m'_{wo}=2.93-42.93\times0.03=2.84\text{kg}$

$m'_{so}=m_{so}=11.45\text{kg}$　　$m'_{go}=m_{go}=17.43\text{kg}$

2.基准配合比为(质量比)

$$m'_{co}:m'_{so}:m'_{go}=4.37:11.45:17.43=1:2.55:3.99$$

$$\frac{W'}{C'}=\frac{m'_{wo}}{m'_{co}}=\frac{2.84}{4.37}=0.65$$

3.强度复核及表观密度测定

试验时各材料用量计算后并进行强度试验,试验用水灰比分别为0.60、0.65、0.70;砂率分别为0.38、0.39、0.40。混凝土拌合物的材料用量分别为(质量法计算15L用量):

第一组(水灰比0.60,砂率0.38):

$$m'_{co}=4.73\text{kg};m'_{wo}=2.84\text{kg};m'_{so}=10.80\text{kg};m'_{go}=17.63\text{kg}$$

第二组(水灰比0.65,砂率0.39):

$$m'_{co}=4.73\text{kg};m'_{wo}=2.84\text{kg};m'_{so}=11.23\text{kg};m'_{go}=17.56\text{kg}$$

第三组(水灰比0.70,砂率0.40):

$$m'_{co}=4.06\text{kg};m'_{wo}=2.84\text{kg};m'_{so}=11.64\text{kg};m'_{go}=17.46\text{kg}$$

检验一、三两组和易性,均满足要求;三个配合比和砂率的实测表观密度2380kg/m^3;三组试件标准养护28d后试压,强度值分别为:

第一组:　$\frac{C}{W}=1.67\left(\frac{C}{W}=1.60\right)$时,$f_{cu,0}=31.5\text{kPa}$;

第二组:　$\frac{C}{W}=1.54\left(\frac{C}{W}=1.65\right)$时,$f_{cu,0}=24.9\text{kPa}$;

第三组:　$\frac{C}{W}=1.43\left(\frac{C}{W}=1.70\right)$时,$f_{cu,0}=20.0\text{kPa}$;

确定与混凝土配制强度相对应的水灰比:根据上述三组水灰比与其相对应的强度关系,采用计算法得出混凝土配制强度$f_{cu,0}=26.58\text{kPa}$,水灰比为0.64。

5.1.4 确定最终配合比设计值

1.按强度修正配合比:

用水量：　　　　$m'_{wo}=195-195\times0.03=189kg$

水泥用量：　　　　$m'_{co}=189\times1.57=297kg$

集料用量：

联立方程

$$\frac{m'_{so}}{2650}+\frac{m'_{go}}{2680}=0.705$$

$$\beta_s=\frac{m'_{so}}{m'_{so}+m'_{go}}\times100\%=39\%$$

$$m'_{so}=740kg \quad m'_{go}=1141kg$$

配合比：$m'_{co}:m'_{so}:m'_{go}=297:740:1141=1:2.49:3.84$

$$\frac{W}{C}=0.64$$

2.按表观密度修正配合比

混凝土表观密度实测值为：

$$\rho_{c,t}=2380kg/m^3$$

计算湿表观密度为：

$$\rho_{c,c}=m_w+m_c+m_g+m_s$$

$$\rho_{c,c}=297+740+1141+189=2367kg/m^3$$

混凝土配合比校正系数计算：

$$\delta=\frac{\rho_{c,t}}{\rho_{c,c}}=\frac{2380}{2367}=1.005$$

式中：$\rho_{c,t}$——混凝土表观密度实测值，kg/m^3；

$\rho_{c,c}$——混凝土表观密度计算值，kg/m^3。

因二者之差小于计算值的2%，故材料用量不需修正。

3.确定最终配合比

混凝土配合比的设定值为：

$$m_c:m_s:m_g=297:740:1141=1:2.49:3.84$$

$$\frac{W}{C}=\frac{m_w}{m_c}=0.64$$

最终配合比为0.64。

5.2　混凝土强度评定计算

混凝土强度应分批检验评定。同一验收批的混凝土应由强度等级相同、龄期相同以及生产工艺和配合比基本相同的混凝土组成。对施工现场的现浇混凝土，应按单位工程的验收项目划分验收批，每个验收项目应按照现行国家标准《建筑工程施工质量验收统一标准》(GB 50300—2001)确定，对同一验收批的混凝土强度，应以同批内标准试件的全部强度代表值来评定。

检验评定混凝土采用统计方法和非统计方法。预拌混凝土厂、预制混凝土构件厂和采用现场集中搅拌混凝土的施工单位应按统计方法进行评定；零星生产预制构件的混凝土或现场集中搅拌的批量不大的混凝土，可按非统计方法进行。

5.2.1 工程概况

某工程混凝土强度为C30，同一验收批混凝土试块共14组，标准养护试块强度代表值分别为28.5、30.1、31.3、33.5、31.8、34.5、35.4、34.7、29.5、34.6、30.3、37.6、32.5、33.4，判断该批混凝土是否合格，$f_{cu,k}=30.0$，$f_{cu,min}=28.5$，$n=14>10$。

5.2.2 强度评定计算

1.采用统计法计算

$$mf_{cu}=\sum_{i=1}^{14}f_{cu,i}/n=32.69$$

式中：mf_{cu}——同一验收批混凝土立方体抗压强度的平均值，MPa；

$$Sf_{cu}=\sqrt{\frac{1}{n-1}(\sum_{i=1}^{n}f_{cu,i}{}^{2}-nmf_{cu}{}^{2})}=\sqrt{\frac{1}{14-1}(\sum_{i=1}^{14}f_{cu,i}{}^{2}-14\times 32.69^{2})}=2.58$$

式中：$f_{cu,i}$——验收批内第i组混凝土立方体抗压强度值，MPa；

n——验收批内混凝土试件的总组数。

2.进行合格判定计算

判定式为：

$$mf_{cu}-\lambda_1\times Sf_{cu}\geqslant 0.9\times f_{cu,k}$$

$$f_{cu,min}\geqslant\lambda_2\times f_{cu,k}$$

式中：Sf_{cu}——同一验收批混凝土立方体抗压强度的标准差，MPa，当Sf_{cu}的计算值小于$0.06\times f_{cu,k}$时，取$Sf_{cu}=0.06\times f_{cu,k}$；

λ_1,λ_2——合格判定系数，按表5-4取用。

合格判定系数表 表5-4

判定系数	试件组数		
	10～14	15～24	≥25
λ_1	1.70	1.65	1.60
λ_2	0.90	0.85	

$$mf_{cu}-\lambda_1\times Sf_{cu}=32.69-1.70\times 0.06\times 30=29.63$$

$$0.9\times f_{cu,k}=0.9\times 30=27.0$$

$$mf_{cu}-\lambda_1\times Sf_{cu}=29.63>0.9\times f_{cu,k}=27$$

满足要求。

$$f_{cu,min}=28.5$$

$$\lambda_2\times f_{cu,k}=0.90\times 30.0=27.0$$

$$f_{cu,min}=28.5>\lambda_2\times f_{cu,k}=27.0$$

满足要求。

该批次混凝土强度评定合格。

5.3 泵送混凝土施工设备计算

泵送混凝土是指混凝土拌合物的坍落度不小于 100mm 并用泵送施工的混凝土。其与普通混凝土的相同点是要求具有一定的强度和耐久性指标，不同点是泵送混凝土必须有相应的流动性和稳定性，其所采用的原材料应符合下列要求：

(1)泵送混凝土应选用硅酸盐水泥、普通硅酸盐水泥、矿渣硅酸盐水泥和粉煤灰硅酸盐水泥，不宜采用火山灰质硅酸盐水泥。

(2)粗骨料宜采用连续级配，其针片状颗粒含量不宜大于 10%；粗骨料的最大粒径与输送管径之比宜符合表 5-5 规定。

粗骨料的最大粒径与输送管径之比表 表 5-5

石子品种	泵送高度(m)	粗骨料的最大粒径与输送管径之比
碎石	<50	≤1∶3.0
	>100	≤1∶5.0
	50～100	≤1∶4.0
卵石	<50	≤1∶2.5
	50～100	≤1∶3.0
	>100	≤1∶4.0

(3)泵送混凝土宜采用中砂，其通过 0.315 mm 筛孔的颗粒含量不应小于 15%。

(4)泵送混凝土应掺用泵送剂或减水剂，并宜掺用粉煤灰或其他活性矿物掺合料，其质量应符合国家现行有关标准的规定。

泵送混凝土适用范围：需要采用泵送工艺的混凝土用于高层建筑。超缓凝泵送剂用于大体积混凝土，含防冻组分的泵送剂适用于冬季施工混凝土。

泵送混凝土配合比的计算和试配步骤除应遵照普通混凝土的配制规范外，尚应符合下列规定：

(1)泵送混凝土的用水量与水泥和矿物掺合料的总量之比不宜大于 0.60。

(2)泵送混凝土的水泥和矿物掺合料的总量不宜小于 300kg/m^3。

(3)泵送混凝土的砂率宜为 35%～45%。

(4)掺用引气型外加剂时，其混凝土含气量不宜大于 4%。

5.3.1 工程概述

某综合楼工程为钢筋混凝土结构，最高处为 86.3m，工程现场情况给混凝土泵浇筑带来影响。为了有效地解决混凝土浇筑布料的难题，减少劳动消耗，降低劳动强度，提高生产效率，加快浇筑施工速度，采用手动布料杆与固定式混凝土泵相结合的方式浇筑混凝土。

设备清单见表 5-6。

设备清单表 表 5-6

序号	规格	数量	序号	规格	数量
1	HBT60S1390A	1 台	4	1m 直管(ϕ125)	12 根
2	3m 直管(ϕ125)	80 根	5	90°弯头	14 根
3	2m 直管(ϕ125)	20 根	6	软管	2 根

1. 泵体引出的水平管转弯处用 90°弯管，并设泵送承台(见图 5-1)。

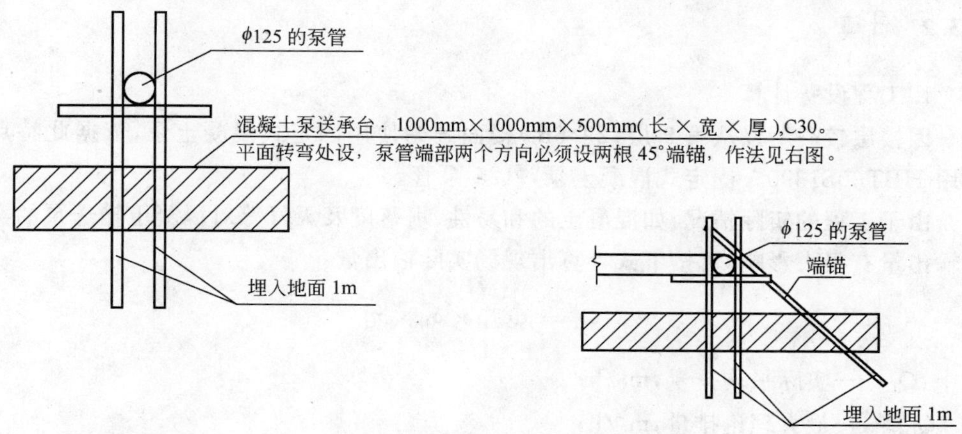

图 5-1 泵管水平弯头处的固定

2. 有泵管穿过的楼板上预留 ϕ200mm 洞，用木楔、钢管固定泵管(见图 5-2)，垂直泵管与柱用钢管围抱(见图 5-3)。水平泵管与垂直泵管相交处下部加顶撑须放线使上下钢管同轴(见图 5-4)。

3. 与混凝土泵出口锥管直接相接输送管用马凳支撑(见图 5-5)。

4. 用钢管搭设支撑固定水平泵管(见图 5-4)。

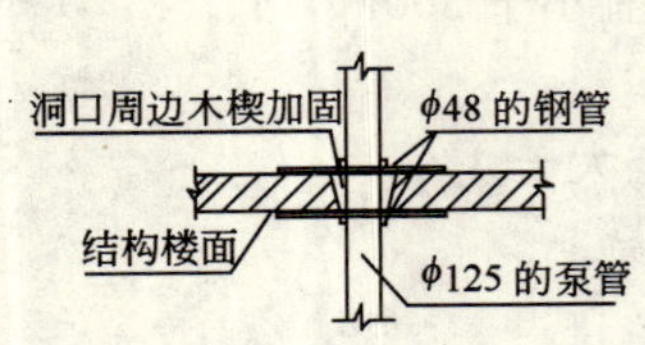

图 5-2　泵管和楼面加固图

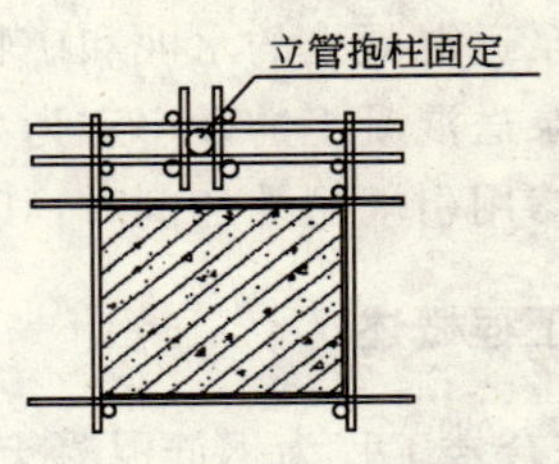

图 5-3　立管竖向固定

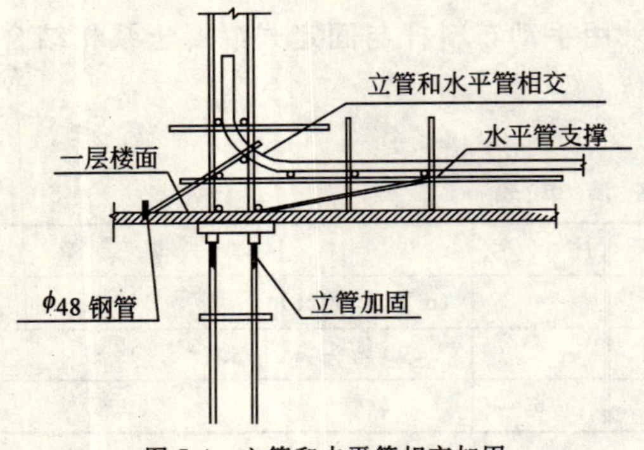

图 5-4　立管和水平管相交加固

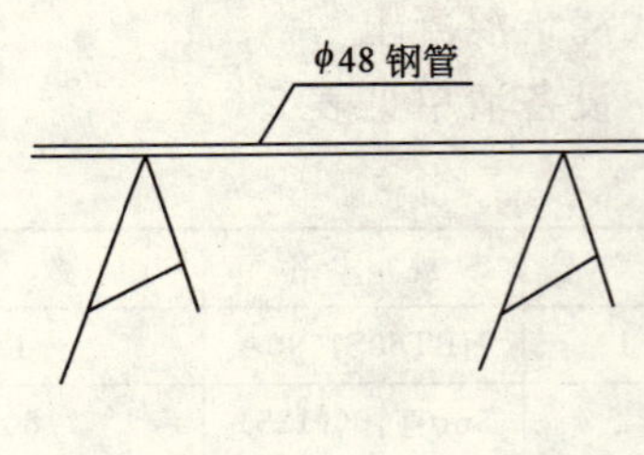

图 5-5　水平泵管支撑马凳

5.3.2　计算

1. 工程设备计算

因楼层较高所以从第 9 层(29.6m)楼面开始使用固定式混凝土泵,依据此特点选用 HBT60S1390A 固定式混凝土泵,ϕ125 泵管。

由于工程的实际情况,如混凝土的和易性、坍落度及天气等对混凝土输送泵的实际输出量有很大影响,可按下式计算出现场实际输出量:

$$Q_1 = Q_{max} \times \alpha_1 \times \eta$$

式中:Q_1——实际平均排量,m^3/h;

Q_{max}——最大理论排量,m^3/h;

η——混凝土输送泵作业效率系数,一般为 0.5～0.7;

α_1——配管条件系数,可取 0.8～0.9。

经计算能满足施工要求,故选择 HBT60S1390A 固定式混凝土泵能满足施工要求。

2.泵送能力验算

计算依据为《混凝土泵送施工技术规程》(JGJ/T 10—95)。

(1)混凝土泵管参数

混凝土泵管参数见表5-7。

混凝土泵管参数表 表5-7

序号	名称	数量	转变水平距离(m)
1	垂直高度	86.3	345.2
2	弯管(90°,R=1m)	10	90
3	软管	1	20
4	水平管	100	100
5	合计		555.2

(2)混凝土泵的最大水平输送距离

$$L_{max}=P_{max}/\Delta P_{H}$$

$$\Delta P_{H}=2/r_0\times[K_1+K_2(1+t_2/t_1)V_2]\times a_2$$

$$K_1=(3.00-0.01S_1)\times10^2$$

$$K_2=(4.00-0.01S_1)\times10^2$$

式中:L_{max}——混凝土泵最大水平输送距离,m;

P_{max}——混凝土泵最大泵送出口压力,MPa,取13MPa;

ΔP_{H}——混凝土在水平输送管内流动每米产生的压力损失,Pa/m;

r_0——混凝土输送管的半径,m,取62.5m;

K_1——粘着系数,Pa;

K_2——速度系数,Pa/m/s;

S_1——混凝土坍落度,mm,取160mm;

t_2/t_1——混凝土泵分配阀切换时间与活塞推压混凝土时间之比,取0.3;

V_2——混凝土拌合物在输送管的平均流速,m/s,取0.5m/s;

a_2——径向压力与轴向压力之比,取0.9。

$$K_1=(3.00-0.01S_1)\times10^2=(3.00-0.01\times160)\times100=140$$

$$K_2=(4.00-0.01S_1)\times10^2=(4.00-0.01\times160)\times100=240$$

$$\begin{aligned}\Delta PH&=2/r_0\times[K_1+K_2(1+t_2/t_1)V_2]\times a_2\\&=2/62.5\times[140+240(1+0.3)\times0.5]\times0.9\\&=8.52\times10^3(Pa/m)\end{aligned}$$

$$L_{max}=P_{max}/\Delta P_{H}=13\times10^6/8.52\times10^3=1525(m)$$

555.2m$<L_{max}=$1525m 即输送管道的配管整体水平长度小于计算所得的最大水平泵送距离。

3. 混凝土泵送的换算压力损失

混凝土泵送的换算压力损失见表 5-8。

混凝土泵送的换算压力损失　　表 5-8

名　称	换　算　量	换算压力损失(MPa)	数　量	换算后的压力损失(MPa)
水平管	每 20m	0.10	100	0.5
垂直管	每 5m	0.10	86.3	1.73
90°弯管	每只	0.10	10	1
软管	每根	0.20	1	0.2
管路截止阀	每个	0.80	1	0.8
Y 形管	每只	0.05	1	0.05
分配阀	每个	0.08	1	0.08
混凝土泵其动内耗	每台	2.8	1	2.8
合　计				7.16

由上表可得，混凝土泵的总压力损失为 7.16MPa，小于泵正常工作的最大出口压力 13MPa。

5.3.3　泵送混凝土运输

由于工程的实际情况，如混凝土的和易性、坍落度及天气等对混凝土输送泵的实际输出量有很大影响，可按下式计算出现场实际输出量：

$$Q_1 = Q_{max} \times \alpha_1 \times \eta$$

式中：Q_1——每台混凝土泵实际平均输出量，m^3/h；

Q_{max}——每台混凝土泵最大理论输出量，m^3/h，取 $39m^3/h$；

α_1——配管条件系数，取 0.85；

η——作业效率，取 0.6。

$$Q_1 = Q_{max} \times \alpha_1 \times \eta = 69 \times 0.85 \times 0.6 = 35.19(m^3/h)$$

混凝土泵连续作业时，每台泵需配备的运输车台数

$$N_1 = Q_1/60V_1 \times (60L_1/S_0 + T_1)$$

式中：N_1——混凝土运输车数量，台；

Q_1——每台混凝土泵实际平均输出量，m^3/h；

V_1——每台混凝土运输车的容量，m^3，取 8 m^3；

S_0——运输车的平均速度，km/h，取 50km/h；

L_1——运输车的往返距离，km，取 40km；

T_1——每台运输车总计停歇时间，min，取 30 min。

$$\begin{aligned} N_1 &= Q_1/60V_1 \times (60L_1/S_0 + T_1) \\ &= [35.19/(60 \times 8)] \times (60 \times 40/50 + 30) \\ &= 5.72 \end{aligned}$$

即每台混凝土泵连续作业，至少需要 6 台混凝土搅拌运输车。

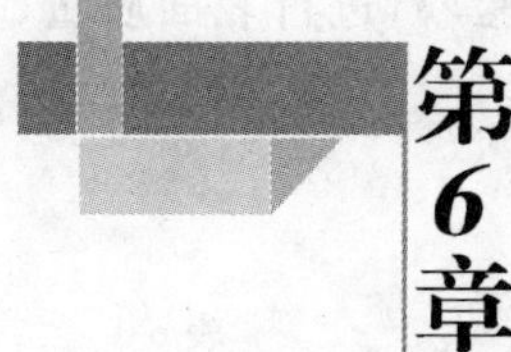

第6章 预应力混凝土工程

6.1 预应力筋下料长度计算

预应力筋下料长度应按实际条件计算确定，务求准确。下料长度过大不但浪费材料而且在某种条件下无法锚紧或需加锚头，从而影响结构安装质量；下料过短则会使张拉夹具夹不上钢筋，有可能导致整根预应力筋报废。

预应力筋下料长度的计算，应考虑预应力钢材品种、锚具形式规格、焊接接头、镦粗头、冷拉拉长率、弹性回缩率、张拉伸长值、台座长度、构件孔道长度性能要求、张拉设备以及施工工艺方法等因素。

6.1.1 工程概况

本厂房中的主厂房横向轴线有 1～15 轴线，屋架共有 15 榀。本屋架为 21m 跨度，单跨厂房，承载能力选定为 5 级，厂房檐口为外天沟，带 6m 钢筋混凝土天窗架或天窗端壁架，全部选用了 21m 跨标准预应力钢筋混凝土屋架，型号是 YWJ21—5—Ba. d. e 型，屋架的抗震设防烈度要求为 6 度。混凝土的强度等级为 C50，每榀屋架的混凝土量为 3.797m^3，屋架每榀重 9.493t，15 榀屋架总的混凝土用量为 57m^3。每榀屋架的钢材用量为 790kg，钢筋的全部总用量为 11.85t。

根据预应力屋架的实际制作和使用情况，为了避免预应力筋在张拉时出现碳素钢丝因长短不齐、受力不均被拉断的不利因素，确保张拉力的可靠性，由施工单位提出，将预应力钢筋改用钢绞线，下弦采用 2 孔 $d50$，每孔 4 根 Φ15.20 钢绞线，其标准强度级别为 $f_{ptk}=1720$MPa，仍采用一端张拉形式，固定端和张拉端均采用 OVM15—4 型锚具，每榀屋架采用 4 个，共需 OVM15—4 型锚具 60 套。为了保证原预应力筋张拉力数值不变，改为 2 孔后，每孔的预应力筋张拉力 N_{con} 应为 280×2=560(kN)，屋架下弦总预应力张拉值为 1120kN。此方案经报有色设计研究院，已予以认可。改为钢绞线 Φ15.2 后，每榀屋架需用钢绞线 172.44m，15 榀屋架共需钢绞线约 2590m，质量为 2.59×1101＝2852kg＝2.852t。

预应力钢筋采用 Φ15.20 钢绞线，其标准强度为 $f_{ptk}=1720$MPa。钢绞线材料购回后，必须取样检验。钢绞线检验按预应力钢绞线检验标准验收，进行表面质量、直径偏差、捻距和力学性能试验。其中有：

1. 检验其标准强度 $f_{ptk}\geqslant 1720$MPa

钢筋强度标准值见表 6-1。

预应力钢筋强度标准值表　（单位：N/mm²）　表 6-1

种类		符号	d(mm)	f_{ptk}
钢绞线	1×3	ΦS	8.6、10.8	1860、1720、1570
			12.9	1720、1570
	1×7		9.5、11.1、12.7	1860
			15.2	1860、1720

2. 检验钢绞线伸长率 $\delta\geqslant 3.5\%$。当合格证和检验报告都符合国家标准时才能使用。钢绞线锚具选用 OVM15—4 型，该锚具也应按国家标准进行检验验收。采用一端张拉形式，OVM15—4 型锚具板厚度为 55mm，采用张拉千斤顶型号 YCN100，要求钢绞线预留长度 650mm，本屋架下弦孔道净长为 20800mm，在固定端锚板外面留钢绞线头 50mm。

3. 为了保证穿筋时和张拉时预应力筋不发生扭结和错位，应对钢绞线进行编束，编束时要把钢绞线理顺编号，用 18～22 号铅丝每隔 1m 左右绑扎一道，形成束状，然后穿入孔道内，在两端按钢绞线编号的相对位置摆放，然后在两端安装好锚板，准备张拉。

6.1.2 每根钢绞线的下料长度计算

按下式计算：

$$L=L_k+a+b$$

式中：L_k——孔道长度等于 20800mm（此长度要求按构件实际长量取）；

a——张拉端留量等于 650mm；

b——固定端留量，等于 55＋50＝105(mm)；

L——一根钢绞线下料长。

即 $L=L_k+a+b=20800+650+105=21555$(mm)

6.2 预应力筋张拉设备计算

标准要求当屋架混凝土强度达到 100％的设计强度时，方可张拉预应力筋。本混凝土设计强度 C50，因此混凝土强度必须达到 C50 值时，才能张拉。叠层屋架张拉时，应先上层后下层，逐层进行张拉。张拉机具采用 YCW100 型预应力穿心式千斤顶。千斤顶在张拉前应经计量检验部门进行合格校验，校验合格才能使用。预应力张拉采用对称张拉法。在屋架两端分别用一台千斤顶进行张拉。

预应力钢筋的张拉程序可按如下要求进行张拉。每孔张拉控制力 N_{con} 均已考虑锚具损失在内。预应力筋的张拉顺序采用 $0 \rightarrow N_{con}$ 持荷三分钟→最后锚固的张拉程序。为避免侧向弯曲，两孔应在两端对称布置，各在一端对称张拉。预应力钢绞线张拉时，应保持孔道中心、锚具中心和千斤顶中心“三心一线”。张拉锚具固定后应测量钢绞线回缩量，OVM 锚具应不大于 5mm。

每孔的张拉力按设计应为 $280 \times 2 = 560(\text{kN})$，张拉活塞面积为 $1.944 \times 10^{-2} \text{m}^2 = 19440\text{mm}^2$，经换算其千斤顶油泵压强表值 P 应为：

$$P = N_{con} / A_{活塞}$$

式中：P——计算压力表读数，MPa；

N——预应力钢筋的张拉力，N；

A——张拉设备的工作油压面积，mm^2。

$$P = 560 \times 1000 / 19440 = 28.81(\text{N/mm}^2) = 28.81\text{MPa}$$

由于千斤顶活塞和油缸之间有摩阻力，该油压表读数 P 应根据实测的阻力，应予以调整。一般选用的压力表读数应为计算 P 的 1.5～2.0 倍。

压力表最大读数应为 $2P = 2 \times 28.81 = 57.62(\text{MPa})$

可选用最大读数为 60 MPa 的压力表。

6.3 预应力筋张拉伸长值计算

6.3.1 叠层张拉

如上所述，本屋架是重叠 3 层预制。由于构件混凝土接触面摩阻力的存在，使得张拉时构件的弹性压缩变形受到限制，而当构件起吊后，摩擦力消失，构件混凝土弹性压缩变形将产生一个增量，引起预应力损失。该损失值与构件的形式、隔离层和张拉方式有关，为减少和弥补该项预应力损失，可自上而下逐层加大张拉力。底层张拉力，对于钢绞线不宜比顶层张拉力大 5%，且不得超过 $0.75 f_{ptk}$，f_{ptk} 为最大张拉控制应力允许值。实测第一榀屋架压缩变形为 11mm，第二榀屋架压缩变形 10mm，为了使逐层加大的张拉力符合实际情况，可按下式计算各层应增加的张拉力：

$$\Delta N = (n-1) \frac{\Delta_1 - \Delta_2}{L} E_s \times A_p$$

式中：ΔN——层间摩阻力；

n——构件所在层数(自上而下计);

Δ_1——第一层屋架张拉压缩值,$\Delta_1=11$mm;

Δ_2——第二层屋架张拉压缩值,$\Delta_2=10$mm;

L——构件的长度,取 $L=20800$mm;

E_s——预应力筋钢绞线弹性模量,取 $E_s=1.95\times10^5$MPa;

A_p——预应力筋截面面积,取 $A_p=556\text{mm}^2$。

则层间阻力:

$$\Delta N=(2-1)\times\frac{11-10}{20800}\times1.95\times10^5\times556=5213(\text{N})$$

则第二榀屋架的张拉力为: $N_{con2}=560000+5213=565213(\text{N})$

张拉应力值为: $\delta_{con2}=565213/556=1017(\text{MPa})$

第三榀屋架的张拉力为: $N_{con3}=565213+5213=570426(\text{N})$

张拉应力值为: $\delta_{con3}=570426/556=1026(\text{MPa})$

第一榀屋架的张拉应力值为: $\delta_{con1}=560000/556=1007(\text{MPa})$

$\delta_{con3}/\delta_{con1}=1026/1007=1.02<1.05$,故底层张拉力比顶层张拉力大2%。

$\delta_{con3}/f_{ptk}=1026/1720=0.597<0.75$,故底层张拉力没有超过 $0.75f_{ptk}$。

以上张拉力 N_{con} 均应换算成油压表读数 P。

以上各榀屋架预应力筋张拉应力满足规范要求。

6.3.2 预应力筋伸长值的校核计算

预应力筋在张拉时通过伸长值的校核可以综合反映出张拉力是否满足,孔道摩阻损失是否偏大,以及预应力筋是否有异常现象等。因此规范规定当采用应力控制方法张拉时,应校核预应力筋的伸长值。如实际伸长值比计算伸长值大于10%或小于5%,应暂停张拉,分析原因后应采取措施。预应力筋伸长值的计算:

$$\Delta L=N_{con}\times L/A_s\times E_s$$

式中:N_{con}——预应力筋的张拉力等于 $N_{con}=560$kN;

L——预应力张拉部分的长度=孔道长+(张拉端留长-100)=20800+(655-100)=21355(mm);

A_s——钢绞线截面面积,$A_s=139\times4=556\text{mm}^2$;

E_s——钢绞线弹性模量取 $E_s=1.95\times10^5$MPa。

$$\Delta L=560\times1000\times21355/556\times1.95\times10^5=110.3(\text{mm})$$

$$110.3\times1.1=121.3(\text{mm})$$

$$110.3\times0.95=104.8(\text{mm})$$

即伸长值应在 $121.3\text{mm}>\Delta L>104.8\text{mm}$ 范围内,张拉值有效。

6.4 预应力损失值计算

6.4.1 工程概况

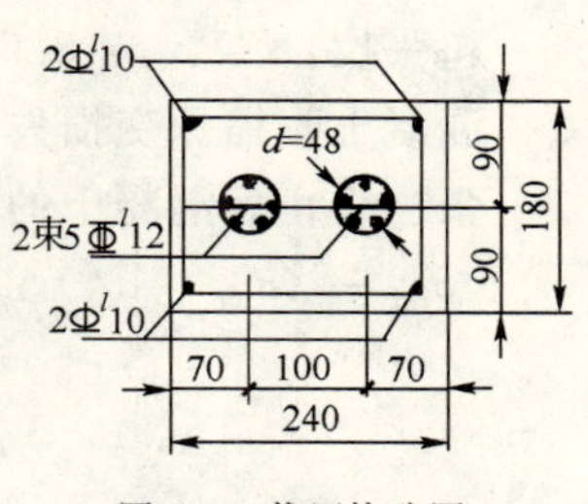

图 6-1 截面构造图

某 24m 屋架预应力混凝土下弦拉杆，截面构造如图 6-1 所示。孔道直径为 48mm，抽芯成型。预应力钢筋选用 2 束冷拉 IV 级钢筋，每束为 5 $\Phi^l 12$($A_p=1131\text{mm}^2$)非预应力钢筋冷拉 II 级钢筋 4 $\Phi^l 10$ ($A_s=314\text{mm}^2$)、采用 JM12 锚具，张拉控制应力 $\sigma_{con}=0.85f_{pyk}$，混凝土为 C40 级，施加预应力时 $f'_{cu}=40\text{MPa}$。

材料截面的几何特征见表 6-2。

材料截面的几何特征表 表 6-2

材　　料	混　凝　土	预 应 力 筋	非预应力筋
等级	C40, $f_{cu}=40$	冷拉 IV 级	冷拉 II 级
强度(N/mm^2)	$f_c=19.5$ $f_{tk}=2.45$	$f_{pyk}=700$ $f_{py}=580$	$f_y=580$
弹性模量(N/mm^2)	$E_c=3.25\times10^5$ $\alpha_E=5.54$	$E_s=1.8\times10^5$	$E_s=1.8\times10^5$
截面面积(mm^2)	截面 240×180，孔道 ϕ48 $A_n=41006$ $A_0=46141$	5 $\Phi^l 12$ $A_p=1131$	4 $\Phi^l 10$ $A_s=1131$

6.4.2 预应力损失计算

$$\sigma_{con}=0.85f_{pyk}=0.85\times700=595(\text{N/mm}^2)$$

1. 锚具变形及钢筋内缩损失 σ_{11}：

JM12 锚具顶应力筋为钢筋，$a=3\text{mm}$，构件长 $l=24\text{m}$ 则：

$$\sigma_{11}=\frac{a}{l}\times E_s=\frac{3}{24\times10^3}\times1.8\times10^5=22.5(\text{N/mm}^2)$$

孔道摩擦损失 σ_{12}：

查表得 $k=0.0015$，直线配筋 $\mu\theta=0$，则：

$$\sigma_{12}=\sigma_{con}(\mu\theta+k_x)=595\times(0+0.0015\times24)=21.42(\text{N/mm}^2)$$

第一批顶应力损失 σ_{11} 为

$$\sigma_{11} = \sigma_{11} + \sigma_{12} = 22.5 + 21.42 = 43.92(\text{N/mm}^2)$$

2. 预应力筋应力松弛损失 σ_{14}：

超张拉： $\sigma_{14} = 3.5\% \times \sigma_{con} = 0.035 \times 595 = 20.83(\text{N/mm}^2)$

混凝土收缩徐变损失 σ_{15}：

张拉终止后混凝土的预压应力 σ_{pcI}

$$\sigma_{pcI} = (\sigma_{con} - \sigma_{11})A_p/A_n = (595 - 43.92)1131/41006 = 15.2(\text{N/mm}^2)$$

$$\sigma_{pcI}/f'_{cu} = 15.2/40 = 0.38$$

$$\rho = (A_p + A_s)/2 \times A_n = 0.0176$$

$$\sigma_{15} = \frac{25 + 220\dfrac{\sigma_{pcI}}{f'_{cu}}}{1 + 15\rho} = \frac{25 + 220 \times 0.38}{1 + 15 \times 0.0176} = 85.92(\text{N/mm}^2)$$

第二批预应力损失为：

$$\sigma_{1\text{I}} = \sigma_{14} + \sigma_{15} = 106.75(\text{N/mm}^2)$$

3. 预应力损失总值为：

$$\sigma_1 = \sigma_{1\text{I}} + \sigma_{1\text{II}} = 150.67(\text{N/mm}^2)$$

6.4.3 拉杆验算

内力组合为：永久荷载作用下的轴力标准 $N_{GK} = 400\text{kN}$，可变荷载作用下的轴力标准值 $N_{GK} = 130\text{kN}$，准永久值系数为零，结构重要系数 $\gamma_0 = 1.1$，构件的端部构造见图 6-2。

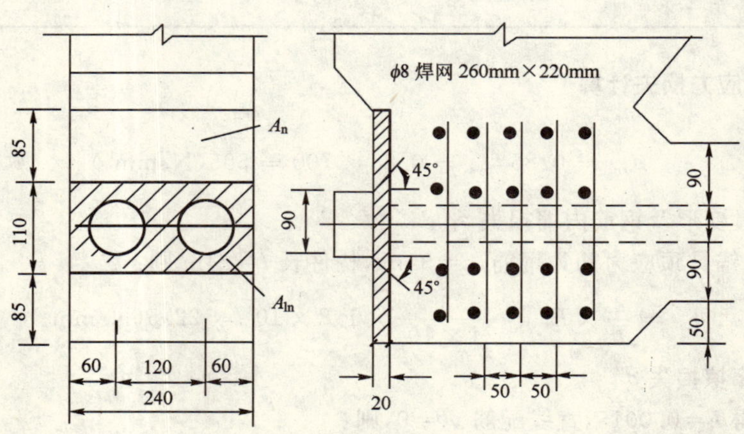

图 6-2 屋架下弦端部构造

1. 承载力计算

$$f_{py} \times A_p + f_y \times A_s = 580 \times 1131 + 380 \times 314 = 775.3(\text{kN})$$

裂缝控制等级为二级 $\alpha_{ct}=0.5$,

$$\sigma_{con} = 595\text{N/mm}^2 \quad \sigma_1 = 150.67\text{N/mm}^2 \quad \sigma_{15} = 85.92\text{N/mm}^2$$

$$\begin{aligned}\sigma_{pcII} &= [(\sigma_{con} - \sigma_1)A_p - \sigma_{15} \times A_s]/A_n \\ &= [(595 - 150.67) \times 1131 - 85.92 \times 314]/41006 \\ &= 11.60(\text{N/mm}^2)\end{aligned}$$

$$\sigma_{sc} = N_s/A_0 = 530 \times 10^3/46141 = 11.49(\text{N/mm}^2)$$

$$\sigma_{sc} - \sigma_{pcII} = 11.49 - 11.60 < 0 < 0.5 \times 2.45 = 1.225$$

满足工程安全要求。

$$\sigma_{1c} = N_1/A_0 = 400 \times 10^3/46141 = 8.67(\text{N/mm}^2)$$

$$\sigma_{1c} - \sigma_{pcII} = 8.67 - 11.60 < 0$$

满足工程安全要求。

2. 施工阶段验算

按张拉端考虑

$$\begin{aligned}\sigma_{pc} &= \sigma_{con} \times A_p/A_n \\ &= 595 \times 1131/41006 \\ &= 16.4\text{N/mm}^2 < 1.2f_c = 1.2 \times 19.5 = 23.4(\text{N/mm}^2)\end{aligned}$$

满足工程安全要求。

3. 锚具下局部受压计算

JM12 锚具直径 90mm,垫板厚 20mm,按 45°角扩散计算 A_1(未扣除孔道)为 $2\times\frac{\pi\times(90+2\times20)^2}{4}=26546.5(\text{mm}^2)$,根据图 6-2 取 A_1 矩形截面为 $240\times110=26400(\text{mm}^2)$则:

$$A_{1n} = 240 \times 110 - 2 \times \frac{\pi \times 48^2}{4} = 22780(\text{mm}^2)$$

$$A_b = 240 \times (110 + 85) = 67200(\text{mm}^2)$$

$$\beta = \sqrt{\frac{A_b}{A_1}} = \sqrt{\frac{67200}{26400}} = 1.6$$

$$\begin{aligned}F_1 &= 1.2 \times \sigma_{con} \times A_p = 1.2 \times 595 \times 1131 = 807.5\text{kN} < 1.5 \times \beta \times A_{1n} \times f_c \\ &= 1.5 \times 1.6 \times 22780 \times 19.5 = 1063(\text{kN})\end{aligned}$$

满足工程安全要求。

4.间接钢筋采用5片焊接网片，间距 $S=50\text{mm}$，$l_1=220\text{mm}$，$l_2=260\text{mm}$，$f_y=210\text{N/mm}^2$ 则

$$A_{cor}=220\times260=57200(\text{mm}^2)$$

$$A_b>A_{cor}>A_1$$

$$\beta=\sqrt{\frac{A_{cor}}{A_1}}=\sqrt{\frac{57200}{26400}}=1.47$$

$$\rho_v=\frac{n_1\times A_{s1}\times l_1+n_2\times A_{s2}\times l_2}{A_{cor}\times S}$$

$$=\frac{4\times50.3\times220+4\times50.3\times250}{57200\times50}=3.4\%>0.5\%$$

满足工程安全要求。

$$(\beta\times f_c+2\times\rho_v\times\beta_{cor}\times f_y)\times A_{1n}$$

$$=(1.6\times19.5+2\times0.034\times1.47\times210)\times22780=1189(\text{kN})>F_1$$

满足工程安全要求。

6.5 预应力施工台座计算

6.5.1 工程概况

本工程采用预应力墩式台座，尺寸如图6-3所示。张拉力 N 为1150kN，G_1 为230kN，G_2 为100kN，传力墩之间距离 B 为4.0m，台墩用C20混凝土，钢筋用HPB235钢筋，台面厚度为100mm，N' 为300kN/m，μ 为0.35，地基为砂质黏土，γ 为18kN/m³，φ 为30°。

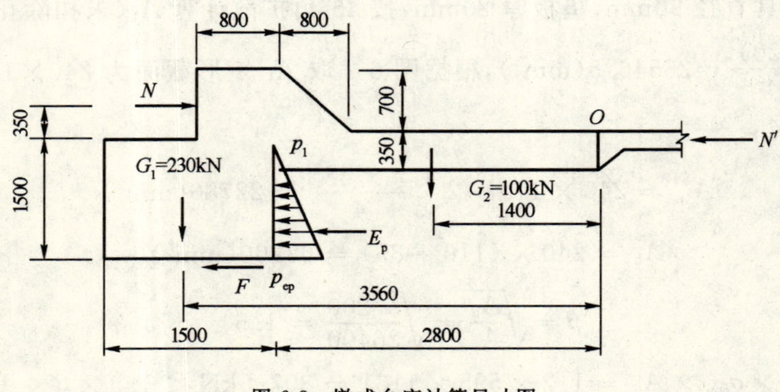

图6-3 墩式台座计算尺寸图

6.5.2 抗倾覆验算

此工程忽略土压力计算。

1. 平衡力矩

$$M_1 = G_1 l_1 + G_2 l_2 = 230 \times 3.5 + 100 \times 1.4 = 945(\mathrm{N \cdot m})$$

2. 倾覆力矩计算

$$M = Nh_1 = 1150 \times 0.35 = 403(\mathrm{kN \cdot m})$$

3. 抗倾覆安全系数计算

$$K = M_1/M = 945/403 = 2.34 > 1.5$$

式中：K——抗倾覆安全系数，一般小于 1.5；

M——倾覆力矩，由预应力筋的张拉力产生；

M_1——由台座的自重力和土压力等产生；

G_1——台座的外伸部分的重力；

l_1——G_1 点至 O 点的水平距离；

G_2——台座的部分重力；

l_2——G_2 点至 O 点的水平距离；

N——预应力筋张拉力；

h_1——张拉力合力作用点至倾覆转动点 O 的垂直距离。

满足工程安全要求。

6.5.3 抗滑移验算

抗滑移验算简图见图 6-4。

式中：K_c——抗滑移安全系数，一般不小于 1.30；

N——预应力筋的张拉力；

N_1——抗滑移力，$N_1 = N' + F + E'_p$；

N'——台面板抗力，kN；

F——混凝土台墩与土的摩阻力；

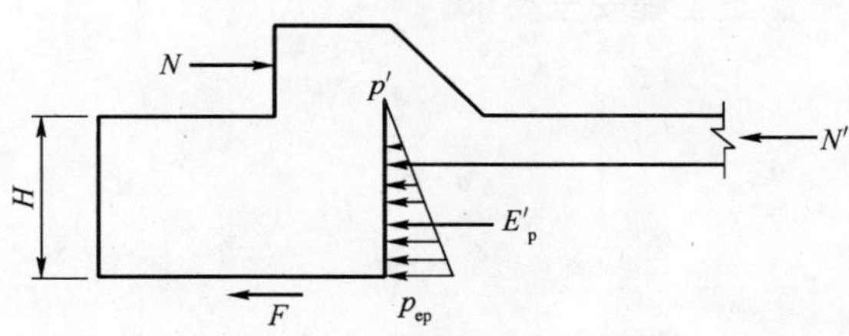

图 6-4　墩式台座抗滑移验算简图

μ——摩擦系数，对黏性土 μ=0.25～0.40；

E'_p——台座板底部和台墩背面上土压力的合力；

p_{ep}——台墩后面的最大的土压力；

p'——台座板底部的土压力；

γ——土的重度；

φ——土的内摩擦角，对粉质黏土 $\varphi=30°$。

$$N' = 300 \times 4 = 1200(\text{kN})$$

$$F = \mu \times (G_1 + G_2) = 0.35 \times (230 + 100) = 116(\text{kN})$$

6.5.4 台座底部得被动土压力计算

$$\begin{aligned} p_{ep} &= \gamma \times H \times \left[\tan^2\left(45° + \frac{\varphi}{2}\right) - \tan^2\left(45° - \frac{\varphi}{2}\right)\right] \\ &= 1.8 \times 1.5 \times (\tan^2 60° - \tan^2 30°) \\ &= 72(\text{kN/m}^2) \end{aligned}$$

$$p' = \frac{hp_{ep}}{H} = \frac{0.35 \times 72}{1.5} = 16.8(\text{kN/m}^2)$$

$$\begin{aligned} E'_p &= \frac{(p_{ep} + p')(H - h)B}{2} \\ &= \frac{(72 + 16.8) \times (1.5 - 0.35) \times 4}{2} \\ &= 204\text{kN} \end{aligned}$$

6.5.5 抗滑安全系数计算

$$\begin{aligned} K_c &= \frac{N_1}{N} = \frac{N' + F + E'_p}{N} \\ &= (1200 + 116 + 204)/1150 \\ &= 1.32 > 1.3 \end{aligned}$$

满足工程安全要求。

第7章 混凝土冬季施工

《建筑工程冬期施工规程》(JGJ 104—97)规定，当室外日平均气温连续 5 天稳定低于5℃即进入冬期施工。在工程建设施工过程中受自然气候的影响加之工程建设的需要，有时不可避免的要进行冬期施工，若采取的措施不当会给工程质量造成隐患或出现质量事故，所以冬期施工中的安全计算显的尤为重要，可以预防质量事故的发生。

7.1 混凝土冬期施工温度计算

7.1.1 工程概述

本工程采用现浇钢筋混凝土框架及框架剪力墙结构体系，地上四层，局部五层，钻孔灌注桩桩基，主体结构安全等级为二级。参数确定见表 7-1。

参数一览表　　表 7-1

计算系数	取值	说明
混凝土容重 m_c	2380kg	根据混凝土配合比
混凝土比热容 C_c	0.96kJ/kg·K	《建筑施工手册》
每立方米水泥用量 m_{ce}	365kg	根据混凝土配合比
塑料布传导系数 K	0.052W/m·K	《建筑施工手册》
草帘热传导系数 K	0.06W/m·K	《建筑施工手册》
结构表面系数 M	m^{-1}	计算结果
水泥水化速度 V_{ce}	$0.013h^{-1}$	《建筑工程冬期施工规程》(JGJ 104—97)
水泥水化最终放热量 Q_{ce}	240kJ/kg	《建筑工程冬期施工规程》(JGJ 104—97)
透风系数 ω	2	《建筑工程冬期施工规程》(JGJ 104—97)
钢筋、模板的比热容 C_s、C_f	0.48	《建筑施工手册》

7.1.2 热工计算

根据施工经验，控制混凝土入模温度大于8℃分别进行柱、梁、板、剪力墙四种构件的热工计算。

1. 柱(选取500mm×500mm的矩形柱)

以室外最低温度为－10℃，大风条件，采用32.5矿渣硅酸盐水泥，成型温度为8℃时。表面覆盖一层塑料布，外包240mm厚的草帘子时：

表面系数：$M=0.5\times4/(0.5\times0.5)=8$

每立方米现浇混凝土的钢筋含量为270kg，模板含量为11kg。

(1)计算混凝土浇筑成型完成时的温度：

$$T_3=\frac{c_c m_c T_2+c_f m_f T_f+c_s m_s T_s}{c_c m_c+c_f m_f+c_s m_s}$$

$$T_3=[0.96\times2380\times8+0.48\times11\times(-10)+0.48\times270\times(-10)]$$
$$/(0.96\times2380+0.48\times11+0.48\times270)=6.99℃$$

式中：T_3——考虑模板和钢筋吸热影响，混凝土成型完成时的温度，℃；

c_c、c_f、c_s——分别为混凝土、模板、钢筋的比热容，kJ/kg・K；

m_c——每$1m^3$混凝土的质量，kg；

m_f、m_s——分别为每$1m^3$混凝上相接触的模板、钢筋质量，kg；

T_f、T_s——分别为模板、钢筋的温度，未预热时可采用当时的环境温度，℃。

(2)混凝土蓄热养护开始到时刻t的温度：

$$T=\eta e^{-\theta x V cexd}-\varphi e^{-V cexd}+T_{m,a}$$

式中：

$$\varphi=\frac{V_{ce}Q_{ce}m_{ce}}{V_{ce}c_c m_c-\omega KM}$$
$$=0.013\times365\times240/(0.013\times0.96$$
$$\times2380-2\times1.76\times8)=738.33$$

$$\theta=\frac{\omega KM}{V_{ce}c_c\rho_c}=2\times1.76\times8/(0.013\times0.96\times2380)=0.948$$

$$\eta=T_3-T_{m,a}+\varphi=6.99-6+738.33=751.32$$

式中：T——混凝土蓄热养护开始到任一时刻t的温度，℃；

φ、θ、η——分别为综合参数；

e——自然对数的底，可取 $e=2.72$；

V_{ce}——水泥水化速度系数，h^{-1}；

t——混凝土蓄热养护开始到任一时刻的时间，h，见表 7-2；

$T_{m,a}$——混凝上蓄热养护开始到任一时刻 t 的平均气温，℃，取法可采用蓄热养护开始至 t 时气象预报的平均气温，亦可按每时或每日平均气温计算；

T_3——混凝土入模温度，℃；

Q_{ce}——水泥水化累积最终放热量，kJ/kg；

m_{ce}——每立方米混凝土水泥用量，kg/m^3；

c_c——混凝土的比热容，kJ/Kg·K；

ρ_c——混凝土的质量密度，kg/m^3；

ω——透风系数；

K——结构围护层的总传热系数，$kJ/m^2\cdot h\cdot K$，按下式计算：

$$K=\frac{3.6}{0.04+\sum_{i=1}^{n}\frac{d_i}{\lambda_i}}=3.6/(0.04+0.12/0.06+0.00024/0.052)=1.76;$$

d_i——第 i 层围护层厚度，m；

λ_i——第 i 层围护层的热导率，W/m·K；

M——结构的表面系数，按下式计算：

$$M=A/V$$

式中：A——混凝土结构表面积，m^2；

V——混凝土结构的体积，m^3。

$$T=751.32\times 2.72^{-0.948\times 0.013\times 24\times d}-738.33\times 2.72^{-0.013\times 24\times d}-6$$

混凝土蓄热养护开始到时刻 t 的温度表　　表 7-2

时　间　(d)	温　度　(℃)	时　间　(d)	温　度　(℃)
3	13.9	6	7.88
4	12.29	7	5.68
5	10.15	8	

由计算结果可知：室外最低温度为－10℃，大风条件，采用 32.5 矿渣硅酸盐水泥，成型温度为 8℃，在混凝土达到临界受冻强度后，温度在 0℃以上，混凝土柱满足施工条件。

2. 梁(选取 700mm×500mm 的矩形柱)

以室外最低温度为－10℃，大风条件，采用 32.5 矿渣硅酸盐水泥，成型温度为

8℃时。表面覆盖一层 0.24mm 厚塑料布，外包 100mm 厚的草帘子时：

表面系数：$M=1.2\times2/(0.7\times0.5)=6.86$

每立方米现浇混凝土的钢筋含量为 160kg，模板含量为 7kg。

(1)计算混凝土浇筑成型完成时的温度：

$$T_3=[0.96\times2380\times6.86+0.48\times7\times(-10)+0.48\times160\times(-10)]/(0.96\times2380+0.48\times11+0.48\times270)=6.28℃$$

围护层总传热系数

$$K=3.6/(0.04+0.10/0.06+0.00024/0.052)=2.10$$

$$\varphi=0.013\times365\times240/(0.013\times0.96\times2380-2\times2.10\times6.28)=1355.991$$

$$\theta=2\times2.10\times6.86/(0.013\times0.96\times2380)=0.9726$$

$$\eta=6.99+6+1355.991=1368.98$$

(2)混凝土蓄热养护开始到时刻 t 的温度，见表 7-3：

$$T=1368.98\times2.72^{-0.973\times0.013\times24\times d}-1355.991\times2.72^{-0.013\times24\times d}-6$$

混凝土蓄热养护开始到时刻 *t* 的温度表 表 7-3

时 间 (d)	温 度 (℃)	时 间 (d)	温 度 (℃)
3	13.49	6	7.45
4	11.84	7	5.28
5	9.70	8	

由计算结果可知：室外最低温度为－10℃，大风条件，采用 32.5 矿渣硅酸盐水泥，成型温度为 8℃，在混凝土达到临界受冻强度后，温度在 0℃以上，混凝土梁满足施工条件。

3. 板(选取 100mm 厚)

以室外最低温度为－10℃，大风条件，采用 32.5 矿渣硅酸盐水泥，成型温度为 8℃时。表面覆盖一层 0.24mm 厚塑料布，外包 200mm 厚的草帘子时：

表面系数：$M=5.4\times3.6\times2/(5.4\times3.6\times0.1)=20$

每立方米现浇混凝土的钢筋含量为 140kg，模板含量为 6kg。

(1)计算混凝土浇筑成型完成时的温度：

$$T_3=[0.96\times2380\times6.86+0.48\times6\times(-10)+0.48\times140\times(-10)]/(0.96\times2380+0.48\times6+0.48\times140)=6.36℃$$

围护层总传热系数

$$K = 3.6/(0.04 + 0.20/0.06 + 0.00024/0.052) = 1.07$$

$$\varphi = 0.013 \times 365 \times 240/(0.013 \times 0.96 \times 2380 - 2 \times 1.07 \times 20) = -88.09$$

$$\theta = 2 \times 1.07 \times 20/(0.013 \times 0.96 \times 2380) = 1.44$$

$$\eta = 6.99 + 6 - 88.09 = -75.10$$

(2)混凝土蓄热养护开始到时刻 t 的温度见表 7-4：

$$T = -75.10 \times 2.72^{-1.44 \times 0.013 \times 24 \times d} + 88.09 \times 2.72^{-0.013 \times 24 \times d} - 6$$

混凝土蓄热养护开始到时刻 t 的温度表 表 7-4

时 间 (d)	温 度 (℃)	时 间 (d)	温 度 (℃)
3	8.95	6	2.44
4	6.77	7	0.65
5	4.51	8	

由计算结果可知：室外最低温度为－10℃，大风条件，采用 32.5 矿渣硅酸盐水泥，成型温度为 8℃，在混凝土达到临界受冻强度后，温度在 0℃以上，混凝土板满足施工条件。

该方案中混凝土的保温情况满足混凝土施工规范的要求。此外，为加强混凝土的早期强度，框架板下面采取用火炉加热的办法，整个楼层共布置 4 个火炉。

4. 剪力墙(250mm 厚)

以室外最低温度为－10℃，大风条件，采用 32.5 矿渣硅酸盐水泥，成型温度为 8℃时。表面覆盖一层 0.24mm 厚塑料布，外包 120mm 厚的草帘子时：

表面系数：$M = 2.6 \times 6.2 \times 2/(2.6 \times 6.2 \times 0.25) = 8$

每立方米现浇混凝土的钢筋含量为 110kg，模板含量为 10kg。

(1)计算混凝土浇筑成型完成时的温度：

$$T_3 = [0.96 \times 2380 \times 6.86 + 0.48 \times 10 \times (-10) + 0.48 \times 110 \times (-10)]/(0.96 \times 2380 + 0.48 \times 10 + 0.48 \times 110) = 6.44℃$$

围护层总传热系数

$$K = 3.6/(0.04 + 0.12/0.06 + 0.00024/0.052) = 1.76$$

$$\varphi = 0.013 \times 365 \times 240/(0.013 \times 0.96 \times 2380 - 2 \times 1.76 \times 8) = -743.90$$

$$\theta = 2 \times 1.76 \times 8/(0.013 \times 0.96 \times 2380) = 0.95$$

$$\eta = 6.99 + 6 - 743.90 = 756.89$$

(2)混凝土蓄热养护开始到时刻 t 的温度，见表 7-5：

$$T = 756.89 \times 2.72^{-0.95 \times 0.013 \times 24 \times d} + 743.90 \times 2.72^{-0.013 \times 24 \times d} - 6$$

混凝土蓄热养护开始到时刻 t 的温度表　　表 7-5

时间 (d)	温度 (℃)	时间 (d)	温度 (℃)
3	13.77	6	7.79
4	12.16	7	5.62
5	10.04	8	

由计算结果可知:室外最低温度为－10℃,大风条件,采用 32.5 矿渣硅酸盐水泥,成型温度为 8℃,在混凝土达到临界受冻强度后,温度在 0℃以上,混凝土剪力墙满足施工条件。

5. 地梁(650mm×700mm 厚)

以室外最低温度为－10℃,大风条件,采用 32.5 低碱水泥,成型温度为 8℃时。表面覆盖一层 0.24mm 厚塑料布,外包 100mm 厚的草帘子时:

表面系数:$M=(0.65+0.7)\times 2/(0.65\times 0.7)=6$

每立方米现浇混凝土的钢筋含量为 120kg,模板含量为 6kg。

(1)计算混凝土浇筑成型完成时的温度:

$$T_3 = [0.96 \times 2380 \times 6.86 + 0.48 \times 6 \times (-10) + 0.48 \times 110 \times (-10)]/(0.96 \times 2380 + 0.48 \times 10 + 0.48 \times 110) = 6.44℃$$

围护层总传热系数

$$K = 3.6/(0.04 + 0.12/0.06 + 0.00024/0.052) = 1.76$$

$$\varphi = 0.013 \times 365 \times 240/(0.013 \times 0.96 \times 2380 - 2 \times 1.76 \times 8) = -743.90$$

$$\theta = 2 \times 1.76 \times 8/(0.013 \times 0.96 \times 2380) = 0.95$$

$$\eta = 6.99 + 6 - 743.90 = 756.89$$

(2)混凝土蓄热养护开始到时刻 t 的温度,见表 7-6:

$$T = 756.89 \times 2.72^{-0.95 \times 0.013 \times 24 \times d} + 743.90 \times 2.72^{-0.013 \times 24 \times d} - 6$$

混凝土蓄热养护开始到时刻 t 的温度表　　表 7-6

时间 (d)	温度 (℃)	时间 (d)	温度 (℃)
3	13.77	6	7.79
4	12.16	7	5.62
5	10.04	8	

由计算结果可知：室外最低温度为－10℃，大风条件，采用 32.5 矿渣硅酸盐水泥，成型温度为 8℃，在混凝土达到临界受冻强度后，温度在 0℃以上，混凝土剪力墙满足施工条件。

7.2　混凝土冬期施工暖棚法计算

7.2.1　工程概况

青海某焦化工程 1#焦炉基础长 75.8m，宽 14.3m，高 4.474m。基底设计标高为－3.6m，混凝土采用 C30(内掺 8%HEA—按水泥质量)，底板厚度 1200mm。柱子 350mm×600mm，混凝土为 C30，柱高 2.524m，共计 155 根柱(不包括抵抗墙)。KJ 梁为 350mm×750mm，梁腋为 250mm×900mm，计 31 榀。SJL 梁为 370mm×700mm，计 2 根，每根 SJL 梁在标高 0.634 处设 LNT 牛腿 57 个。炉床板厚 250mm，梁、板混凝土为 C30 耐热混凝土。

场地地处高寒地区，属半干旱大陆性高原气候，其特点是冬季寒冷、夏季凉爽、干燥多风、降水量少、蒸发量大、昼夜温差大。据青海气象台观测资料，每年平均气温最低气温－26.6℃，历年极端最高气温 38.7℃，日气温变化幅度 15℃～20℃，历年最大积雪厚度 18cm，基本雪压 0.25kN/m^2。全年主导风为东南风，年平均气压 775.2hPa。平均日照时数 2753.5 小时，日照百分率 62.8%，历年最高相对湿度 79%，平均相对湿度 55%，多年平均无霜期 138 天。根据此气候特点冬天选用暖棚法施工。

7.2.2　热工计算

1. 焦炉本体大棚

焦炉本体大棚高 14m，宽 22m，长 80m。室外气温－25℃，要保证棚内温度不低于 10℃，则每小时需要耗热能 Q。

每小时耗热量 $Q=q_1\times V\times(t_k-t_w)$

式中：q_1——建筑物体积耗热指标，取 0.7W/m^3·K。

则每小时耗热量：

$$Q=0.7\times14\times22\times80\times(10+25)\times3600=603.68\times3600=2173248(\text{kJ})$$

煤每小时燃烧放热量约 21000kJ/kg，取油桶热效率 70%。

则每小时耗煤量 $M=2173248/(21000\times70\%)=147(\text{kg})$。

2. 煤塔暖棚

煤塔暖棚长 38m，宽 24m，煤塔暖棚示意图见图 7-1，高度搭设分三阶段，第一阶段搭至 20m 高，第二阶段搭至 30m，第三阶段搭至 38m，室外气温－25℃，要保证棚内温度不低于 10℃，则每小时需要耗热能 Q。

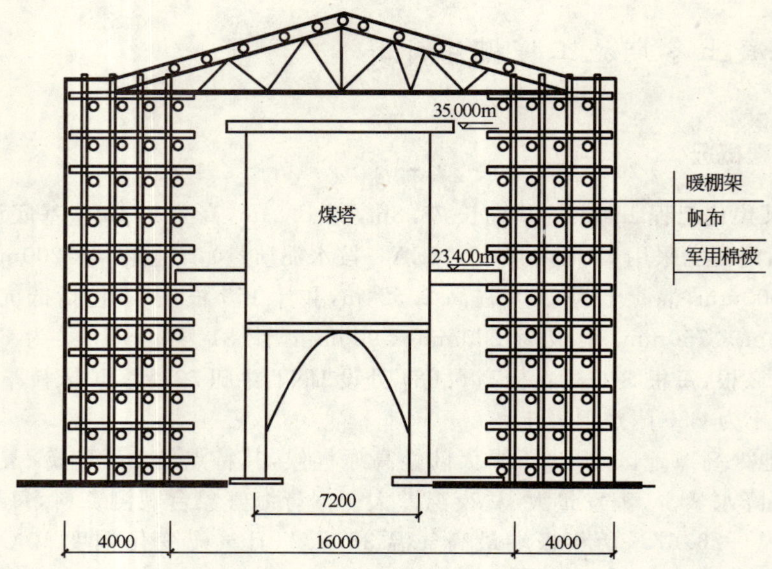

图 7-1　煤塔暖棚示意图

第一阶段：

$$Q = 0.7 \times 38 \times 24 \times 20 \times (10 + 25) \times 3600 = 1608768(\text{kJ})$$

煤每小时燃烧放热量约 21000kJ/kg，取油桶火炉热效率 70％。

则每小时耗煤量 M=1608768/(21000×70％)=110(kg)。

第二阶段：

$$Q = 0.7 \times 38 \times 24 \times 30 \times (10 + 25) \times 3600 = 2413152(\text{kJ})$$

煤每小时燃烧放热量约 21000kJ/kg，取油桶火炉热效率 70％。

则每小时耗煤量 M=2413152/(21000×70％)=164(kg)。

第三阶段：

$$Q = 0.7 \times 38 \times 24 \times 38 \times (10 + 25) \times 3600 = 3056660(\text{kJ})$$

煤每小时燃烧放热量约 21000kJ/kg，取油桶火炉热效率 70％。

则每小时耗煤量 M=3056660/(21000×70％)=208kg。

3. 烟囱暖棚

烟囱筒身暖棚搭设示意图见图 7-2，直径平均 15m，总高 16m，分 4 层翻转，室外气温 −25℃，室内保证 10℃以上。

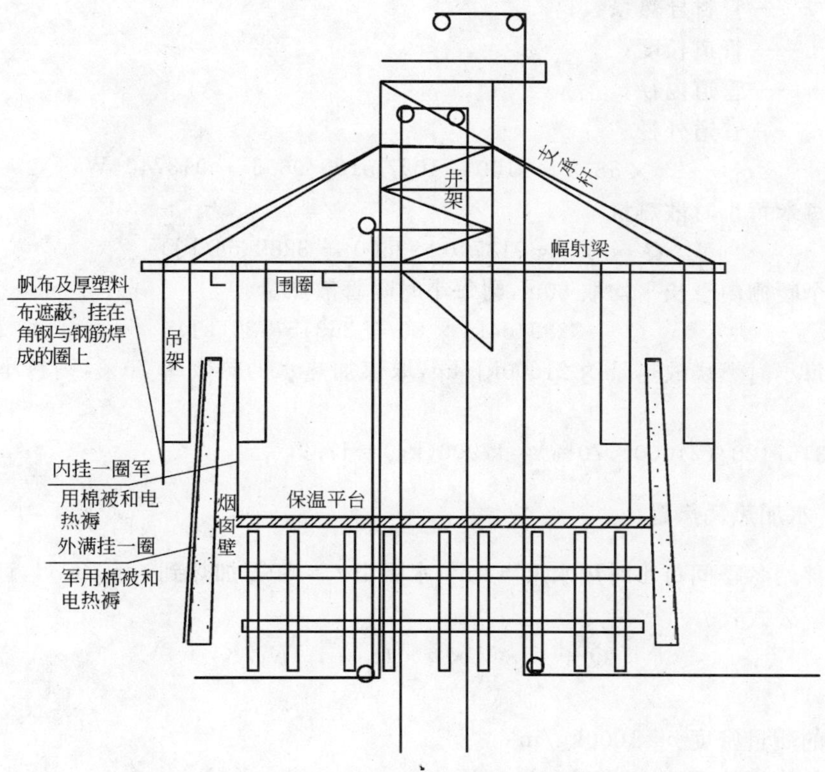

图 7-2 烟囱筒身暖棚搭设示意图

则每小时耗热量：

$$Q = 0.7 \times \pi \times 15 \times 15 \times 16 \times (10 + 25) \times 3600 = 997013\text{kJ}$$

煤每小时燃烧放热量：约 21000kJ/kg，取油桶火炉热效率 70%

则每小时耗煤量约：$M = 997013/(21000 \times 70\%) = 68\text{kg}$

7.2.3 暖管筒壁导热

锅炉蒸汽散热管采用 $\phi 100 \times 3.5$ 钢管，导热系数 58.2W/m·k，管内温度 100℃，管外 10℃以 1m 管道为例，则筒壁导热热流量：

$$Q = 2\pi\lambda L(t_{\text{ww1}} - t_{\text{www2}})/\ln r_2/r_1$$

单位管长热流量

$$q_L = Q/L = 2\pi\lambda(t_{\text{ww1}} - t_{\text{www2}})/\ln r_2/r_1$$

式中：t_{ww1}——管内表面温度；

t_{www2}——管外表面温度；

λ——管材导热系数；

L——管道长度；

r_1——管道内径；

r_2——管道外径。

$$q_L = 2\pi \times 58.2 \times (100 - 10)/\ln 100/96.5 = 913740(\text{W})$$

则每米每小时散热量

$$Q = W_t = 913740 \times 3600 = 3289464(\text{kJ})$$

每个暖棚内管长平均取 80m，则每小时暖管散热量：

$$Q = 3289464\text{kJ} \times 80 = 263157120(\text{kJ})$$

煤每小时燃烧放热量约 21000kJ/kg，取煤加热水的热效率 70%，则每小时耗煤量：

263157120/(21000×70%)=17900(kg)=17.9t

7.2.4 水加热耗热量

搅拌站冬季间每小时用水 $V=3\text{m}^3$，水温由 $t_1=50℃$加热到 $t_2=750℃$，计算每小耗热量。公式：

$$Q = C \times V \times \rho \times (t_2 - t_1)K_1/K_2$$

查表得：

水的质量密度 $\rho=1000\text{kg/m}^3$

水的比容热 $C=4.1868\text{kJ/kg}\cdot\text{K}$

采用 $K_1=1.4$　$K_2=0.7$

代入公式得：

$$Q = 4.1868 \times 3 \times 1000 \times (75 - 5) \times (1.4/0.7) = 1758456(\text{kJ/h})$$

煤每小时燃烧放热量约 21000kJ/kg，取热效率 70%。

每小时耗煤量 M=1758456/(21000×70%)=120(kg)。

7.2.5 散热器计算

散热器选择片式散热器（每个散热器片数为 8 片），安装形式采用明装或半暗装，不加外罩，连接方式异侧上进下出。以煤塔为例计算需要散热器的片数和散热器数量。

经前面计算，煤塔每小时需耗热量 3056660kJ，查有关资料当室内温度为 10℃时，每片散热器每小时的散热量为 3538kJ，则煤塔需要散热器片数量为：

3056660/3538＝864片。则需要片数为8的散热器数量为：864/8＝108个

7.3 混凝土冬期施工综合蓄热法计算

7.3.1 工程概述

本工程总建筑面积11804.49m²，由1#、2#楼组成，局部地下1层，地上5层，檐口标高22.50m。建筑物为南北轴长51.6m，东西轴长26.4m的长方形结构，主体结构为全现浇框架结构，局部楼梯间设剪力墙，柱距8.6/8.4m，层高4.5m、4.05m、3.95m等。本工程冬期钢筋混凝土工程施工采用综合蓄热法，其计算是施工的重要环节，对计算所得结果在施工过程中必须严格遵守，尤其是原材料的加热温度以及保温措施，对整个施工过程进行测温，将测温记录与计算结果相比对，确保混凝土达到临界强度前不受冻。

7.3.2 采用吴震东公式进行冬施热工计算

吴氏公式为：
$$t = Pe^{-mz} + Qe^{-Uz} + ta$$

要求搅拌站从搅拌机倾出时的温度 $T_1 = 15℃$。

1.入模温度计算

$$T_2 = t_h - (t_h - t_H)(\theta_1 + \theta_2 + \theta_3 + \theta_4)$$
$$= 15 - [15 - (-5)](3 \times 0.032 + 0.032 + 0.075) = 10.94℃$$

式中：t_h——出机温度；

t_H——大气温度；

$\theta_1 + \theta_2 + \theta_3 + \theta_4$——当混凝土和气温间的温差为1℃时，混凝土装卸、垂直及水平运输、浇灌振捣的温度降低系数。

符合 $T_2 \geqslant 10℃$要求。

2.覆盖温度计算

墙、柱子不考虑浇筑混凝土振捣的降低值，故 $T_3 = T_2 = 10.94℃$。

板混凝土：

$$T_4 = t_h - (t_h - t_H)(\theta_1 + \theta_2 + \theta_3 + \theta_4)$$
$$= 15 - [15 - (-5)](3 \times 0.032 + 0.032 + 0.075 + 0.18) = 7.98℃$$

3.混凝土达到临界受冻强度所需的养护时间

(1)柱混凝土

①基本数据：

$$T_{覆} = 10.94℃ \quad T_{外} = -5℃$$

A——材料厚度；

λ——传热系数；

c——比热。

柱截面 600mm×600mm，木模，表面系数 $M=8$，保温为外包 5cm 厚草帘。

木模 $A=20\text{mm}, \lambda=0.17, c=2.51$

草帘 $A=50\text{mm}, \lambda=0.03, c=0.2$

②热阻系数：

$$R = 0.05 + A_1/\lambda_1 + A_2/\lambda_2 = 0.05 + 0.02/0.17 + 0.05/0.03 = 1.84\text{m}^2\text{h℃/kcal}$$

③木模及保温材料的热容量：

$$C = F(C_1 \times \gamma_1 \times h_1 + C_1 \times \gamma_1 \times h_1)$$

$$= (2.51 \times 600 \times 0.02 + 0.2 \times 150 \times 0.05) \times 2 = 63.24\text{kcal/℃}$$

④混凝土的热容量：

$$C_0 = 0.25 \times 2500 \times 0.2 = 125\text{kcal/℃}$$

⑤混凝土的剩余温度：

$$T_{剩} = (C0T_{覆} + 0.3cT_{外})/(C_0 + 0.7c)$$

$$= [125 \times 10.94 + 0.3 \times 63.24 \times (-5)]/(125 + 0.7 \times 63.24)$$

$$= 7.52℃$$

⑥混凝土冷却到 0℃的延续时间：

$$X = (600 \times T_{剩} + \text{g} \times \theta)R/\beta[M(t_{\text{hp}} - T_{外})]$$

$$= (600 \times 7.52 + 350 \times 40 \times 0.6) \times 1.8/1.5[8 \times (7.52 - (-5))]$$

$$= 155\text{h} = 6.5\text{d}$$

要求混凝土达到 30%设计强度时，需养护 3d 时间。

(2)板混凝土

①基本数据：

$$T_{覆} = 7.98℃ \quad T_{外} = -5℃$$

A——材料厚度；

λ——传热系数；

c——比热。

板厚 120mm，木模。表面系数 $M=20$，保温为外包 5cm 厚草帘。

②板热容量：$c=30$

③草帘热容量：$c=1$

④混凝土热容量：$c=100$

⑤热阻系数：$R=1.09\text{m}^2\text{h}℃/\text{kcal}$

⑥混凝土的剩余温度

$$T_{剩}=(C_0T_{覆}+0.3cT_{外})/(C_0+0.7c)$$
$$=[100\times7.98+0.3\times30\times(-5)]/(100+0.7\times30)=6.2℃$$

⑦混凝土冷却到 0℃的延续时间：

$$X=(600\times T_{剩}+\text{g}\times\theta)R/\beta[M(t_{\text{hp}}-T_{外})]$$
$$=(600\times6.2+350\times40\times0.6)\times1.09/1.5[8\times(6.2-(-5)]$$
$$=98\text{h}=4\text{d}$$

要求混凝土达到 30%设计强度时，需养护 3d 时间。

4.混凝土养护至任一时刻 t 的强度计算

(1)结构表面系数 M 值计算：

$$M=A(混凝土结构表面积)/V(混凝土结构体积)$$

表面系数：

墙体：$M=3.4/0.35=9.71$

顶板：$M=2/0.12=16.7$

(2)结构维护层总传热系数：

$$K=\frac{3.6}{0.04+\sum_{i=1}^{n}\frac{d_i}{k_i}}$$

式中：d_{i}——第 i 层围护厚度，m；

k_{i}——第 i 层围护层的导热系数。

墙体(木模区格内填 5cm 厚聚苯乙烯板)：$K=3.0\text{W}/(\text{m}^2\cdot\text{k})$

顶板(塑料薄膜＋草帘被)：$K=1.1\text{W}/(\text{m}^2\cdot\text{k})$

考虑现场条件，墙体 K 取 $3.5\text{W}/(\text{m}^2\cdot\text{k})$，底板 K 取 $1.6\text{W}/(\text{m}^2\cdot\text{k})$。

(3)综合参数计算：

$$\theta=\frac{\omega\cdot k\cdot M}{V_{\text{ce}}\cdot C_{\text{c}}\cdot\rho_{\text{c}}}$$

$$\varphi=\frac{V_{\text{ce}}\cdot Q_{\text{ce}}\cdot m_{\text{ce}}}{V_{\text{ce}}\cdot C_{\text{c}}\cdot\rho_{\text{c}}-\omega\cdot k\cdot m}$$

$$\eta=T_3-T_{\text{m,a}}+\varphi$$

式中：ω——透风系数，取 $\omega=2.0$ 见表 7-7；

透风系数表

表 7-7

围护层种类	透风系数 ω		
	小风	中风	大风
围护层由易透风材料组成	2.0	2.5	3.0
易透风保温材料外包不易透风材料	1.5	1.8	2.0
围护层由不易透风材料组成	1.3	1.45	1.6
注：小风风速：$V_w<3$m/s；中风风速：$3\leqslant V_w\leqslant5$m/s 大风风速：$V_w>5$m/s			

V_{ce}——水泥水化速度系数(h^{-1})，取 $V_{ce}=0.013$ 见表 7-8；

水泥水化速度系数(h^{-1})表

表 7-8

水泥品种及强度等级(标号)	Q_{ce}(kJ/kg)	V_{ce}(h^{-1})
强度等级 42.5(525 号)硅酸盐水泥	400	0.013
强度等级 42.5(525 号)普通硅酸盐水泥	360	0.013
强度等级 32.5(425 号)普通硅酸盐水泥	330	0.013
强度等级 32.5(425 号)矿渣、火山灰、粉煤灰硅酸盐水泥	240	0.013

C_c——混凝土的比热容，kJ/kg·K，取 $C_c=1$kJ/kg·K；

ρ_c——混凝土的质量密度，kg/m³，取 $\rho_c=2400$kg/m³；

m_{ce}——每立方混凝土水泥用量，kg/m³，取 $m_{ce}=360$kg/m³；

Q_{ce}——水泥水化累积最终放热量，kJ/kg，Q_{ce} 取 330kJ/kg；

e——自然对数底，可取 $e=2.72$；

$T_{m,a}$——混凝土综合蓄热养护开始到任一时刻 t 的平均气温(−8℃)。

①墙体：

$$\theta=(1.6\times3.5\times9.71)/(0.013\times1\times2400)=1.74$$

$$\varphi=(0.013\times330\times300)/(0.013\times1\times2400-1.6\times3.5\times11.14)=-49.53$$

$$\eta=9.2-(-8)-57.8=-32.33$$

②顶板：

$$\theta=(1.6\times1.6\times16.7)/(0.013\times1.05\times2400)=1.71$$

$$\varphi=(0.013\times330\times300)/(0.013\times1\times2400-2.0\times1.6\times16.7)=-69.34$$

$$\eta=8.5-(-8)-69.34=-52.84$$

(4)混凝土养护至任一时刻 t 的强度计算：

$$T_m=\frac{1}{V_{ce}t}\left(\varphi e^{-V_{ce}\cdot t}-\frac{\eta}{\theta}e^{-\theta\cdot V_{ce}\cdot t}+\frac{\eta}{\theta}-\varphi\right)+T_{m,a}$$

式中：T_m——混凝土蓄热养护开始到任一时刻 t 的平均温度，℃；

t——混凝土蓄热养护开始到任一时刻 t 的时间，h。

①墙体：

假设墙体养护至48h，即 $t=48$h；

$$T_m = \frac{1}{V_{ce}t}\left(\varphi e^{-V_{ce}\cdot t} - \frac{\eta}{\theta}e^{-\theta\cdot V_{ce}\cdot t} + \frac{\eta}{\theta} - \varphi\right) + T_{m,a}$$

$$= \frac{1}{0.013\times t}\left[-33.01\times e^{-0.013\times t} - \frac{-15.81}{1.74}\times e^{1.71\times 0.013\times t} + \frac{-15.81}{1.74} - (-33.01)\right] + (-8)$$

$$T_m = 8.5℃$$

$$Z = \frac{T_m\cdot t}{20} = (8.5\times 48)/20 = 20.4\text{h}$$

$$R_Z = (A + Bt_p)\sqrt{\frac{Z}{24}}(\%) = 15.49\%。$$

$$15.49\%\times 30 = 4.65\text{MPa} > 4.0\text{MPa}$$

当墙体混凝土养护到48h，混凝土强度为4.65MPa>受冻临界强度4.0MPa。

②顶板：

假设顶板养护至36h，即 $t=36$h；

$$T_m = \frac{1}{V_{ce}t}\left(\varphi e^{-V_{ce}\cdot t} - \frac{\eta}{\theta}e^{-\theta\cdot V_{ce}\cdot t} + \frac{\eta}{\theta} - \varphi\right) + T_{m,a}$$

$$= \frac{1}{0.013\times t}\left[-69.34\times e^{-0.013\times t} - \frac{-52.84}{1.71}\times e^{1.04\times 0.013\times t} + \frac{52.84}{1.71} - (-69.34)\right] + (-8)$$

$$T_m = 11.04℃$$

$$Z = \frac{T_m\cdot t}{20} = (11.04\times 36)/20 = 19.87\text{h}$$

$$R_Z = (A + Bt_p)\sqrt{\frac{Z}{24}}(\%) = 16.33\%。$$

$$16.33\%\times 30 = 4.90\text{MPa} > 4.0\text{MPa}$$

当顶板混凝土养护到36h，混凝土强度为4.90MPa>受冻临界强度4.0MPa。

满足规范安全要求。

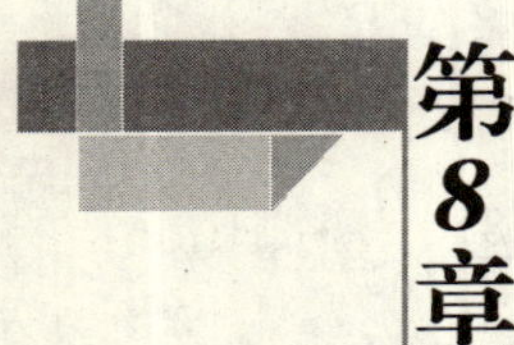

第8章 大体积混凝土温度裂缝控制

《混凝土结构工程施工质量验收规范》(GB 50204—2002)规定，建筑物的基础最小边尺寸在1～3m范围内就属大体积混凝土。

大体积混凝土结构的截面尺寸较大，裂缝一般在混凝土浇筑短期内形成，此时设计荷载尚未作用于结构上，因此由外荷载引起裂缝的可能性很小。但由于水泥的水化作用是放热反应，大体积混凝土自身又具有一定的保温性能，因此其内部温升幅度较其表层的温升幅度要大得多，而在混凝土升温峰值过后的降温过程中，内部降温速度又比其表层慢得多，在这些过程中，混凝土各部分的温度变形及由于其相互约束及外界约束的作用而在混凝土内产生的温度应力，是相当复杂的。一旦温度应力超过混凝土所能承受的拉力极限值时，混凝土就会出现裂缝。

大体积混凝土结构的施工技术和施工组织都较复杂，施工时应十分慎重，否则易出现质量事故，造成不必要的损失。组织大体积混凝土结构施工，在模板、钢筋和混凝土工程方面有许多技术问题要逐个解决。本章实例均采自同一工程。

工程概述

本工程厂房一底板混凝土设计强度等级C30，采用商品混凝土，水泥定额用量为344kg/m^3，此处为保险起见，按370kg/m^{3}考虑，底板厚度350mm＜500mm，可不考虑水泥水化热影响，故不必计算，此处计算承台。平面尺寸最大的承台为CT-6：5.4m×3.3m，厚度取1.15m，养护方法采用表层盖薄膜保湿，上覆毛毯保温。

8.1 大体积混凝土温度计算

8.1.1 最大绝热温升计算公式

最终绝热温升

$$T_h = \frac{m_c \cdot Q}{c \cdot \rho}(1 - e^{-mt})$$

$$T_{max} = \frac{m_c \cdot Q}{c \cdot \rho}$$

式中：m_c——水泥用量，370kg/m³；

Q——每 kg 水泥 28d 水化热，按 42.5 普通水泥，取 3d 为 375kJ/kg；

c——混凝土比热，取 0.97kJ/kg·K；

ρ——混凝土密度，取 2400kg/m³；

e——常数为 2.718；

t——龄期，d；

m——与浇筑时温度有关的经验系数，按浇筑温度 5℃，查表得 0.295 则：

$$T_3 = \frac{m_c \cdot Q}{c \cdot \rho}(1 - e^{-mt}) = \frac{370 \times 375}{0.97 \times 2400} \times (1 - e^{-0.295 \times 3}) = 59.6 \times 0.587 = 35℃$$

$$T_6 = \frac{m_c \cdot Q}{c \cdot \rho}(1 - e^{-mt}) = \frac{370 \times 375}{0.97 \times 2400} \times (1 - e^{-0.295 \times 6}) = 59.6 \times 0.83 = 49.5℃$$

$$T_9 = \frac{m_c \cdot Q}{c \cdot \rho}(1 - e^{-mt}) = \frac{370 \times 375}{0.97 \times 2400} \times (1 - e^{-0.295 \times 9}) = 59.6 \times 0.93 = 55.4℃$$

$$T_{12} = \frac{m_c \cdot Q}{c \cdot \rho}(1 - e^{-mt}) = \frac{370 \times 375}{0.97 \times 2400} \times (1 - e^{-0.295 \times 12}) = 59.6 \times 0.971 = 57.9℃$$

$$T_{15} = \frac{m_c \cdot Q}{c \cdot \rho}(1 - e^{-mt}) = \frac{370 \times 375}{0.97 \times 2400} \times (1 - e^{-0.295 \times 15}) = 59.6 \times 0.988 = 58.9℃$$

$$T_{18} = \frac{m_c \cdot Q}{c \cdot \rho}(1 - e^{-mt}) = \frac{370 \times 375}{0.97 \times 2400} \times (1 - e^{-0.295 \times 18}) = 59.6 \times 0.995 = 59.3℃$$

最终绝热温升：$T_{max} = \frac{m_c \cdot Q}{c \cdot \rho} = \frac{370 \times 375}{0.97 \times 2400} = 59.6℃$

8.1.2 混凝土中心计算温度

按下式计算：

$$T_{1(t)} = T_j + T_{max} \times \xi_{(t)}$$

式中：T_j——混凝土浇筑温度，取 5℃；

$\xi_{(t)}$——t 龄期降温系数，如表 8-1。

不同龄期(d)时的 ξ 值表 表 8-1

浇筑厚度	不同龄期(d)时的 ξ 值					
	3	6	9	12	15	18
1.15m	0.4	0.3	0.18	0.1	0.06	0.04

可得

$$T_{1(3)}=T_j+T_{max}\times\xi_{(3)}=5+59.6\times0.4=28.8℃$$
$$T_{1(6)}=T_j+T_{max}\times\xi_{(6)}=5+59.6\times0.3=22.9℃$$
$$T_{1(9)}=T_j+T_{max}\times\xi_{(9)}=5+59.6\times0.18=15.7℃$$
$$T_{1(12)}=T_j+T_{max}\times\xi_{(12)}=5+59.6\times0.1=11℃$$
$$T_{1(15)}=T_j+T_{max}\times\xi_{(15)}=5+59.6\times0.06=8.6℃$$
$$T_{1(18)}=T_j+T_{max}\times\xi_{(18)}=5+59.6\times0.04=7.4℃$$

8.1.3 混凝土表层温度

1. 混凝土表面保温层传热系数

$$\beta=\frac{1}{\sum\frac{\delta_i}{\lambda_i}+\frac{1}{\beta_q}}$$

式中：δ——保温材料厚度，取 20mm；

λ——保温材料导热系数，查表得 0.14W/(m·K)；

β_q——空气传热系数，取为 23W/(m²·K)。

则：

$$\beta=\frac{1}{\sum\frac{\delta_i}{\lambda_i}+\frac{1}{\beta_q}}=\frac{1}{\frac{0.02}{0.14}+\frac{1}{23}}=5.37$$

2. 混凝土计算厚度

$$H=h+2h'$$

式中：h——混凝土实际厚度；

h'——混凝土虚厚度 $h'=k\cdot\lambda/\beta$；

k——折减系数，取 2/3；

λ——混凝土导热系数，取 2.33W/(m·K)。

则：

$$h'=k\cdot\lambda/\beta=\frac{2}{3}\times2.33/5.37=0.29(\text{m})$$
$$H=h+2h'=1.15+2\times0.29=1.73(\text{m})$$

3. 混凝土表层温度

$$T_{2(t)}=T_q+4h'(H-h')[T_{1(t)}-T_q]/H^2$$

式中：T_q——施工时大气平均温度，取为 5℃。

则：

$$T_{2(3)}=T_q+4h'(H-h')[T_{1(3)}-T_q]/H^2$$

$$= 5 + 4 \times 0.29 \times (1.73 - 0.29) \times (28.8 - 5)/1.73^2 = 18.3℃$$

$$T_{2(6)} = T_q + 4h'(H - h')[T_{1(6)} - T_q]/H^2$$
$$= 5 + 4 \times 0.29 \times (1.73 - 0.29) \times (22.9 - 5)/1.73^2 = 15℃$$

$$T_{2(9)} = T_q + 4h'(H - h')[T_{1(9)} - T_q]/H^2$$
$$= 5 + 4 \times 0.29 \times (1.73 - 0.29) \times (15.7 - 5)/1.73^2 = 11℃$$

$$T_{2(12)} = T_q + 4h'(H - h')[T_{1(12)} - T_q]/H^2$$
$$= 5 + 4 \times 0.29 \times (1.73 - 0.29) \times (11 - 5)/1.73^2 = 8.3℃$$

$$T_{2(15)} = T_q + 4h'(H - h')[T_{1(15)} - T_q]/H^2$$
$$= 5 + 4 \times 0.29 \times (1.73 - 0.29) \times (8.6 - 5)/1.73^2 = 7℃$$

$$T_{2(18)} = T_q + 4h'(H - h')[T_{1(18)} - T_q]/H^2$$
$$= 5 + 4 \times 0.29 \times (1.73 - 0.29) \times (7.4 - 5)/1.73^2 = 6.3℃$$

8.2 温度应力计算

8.2.1 混凝土垫层约束系数

$$C_{x1} = 1.3\text{N/mm}^3$$

8.2.2 桩的阻力系数

$$C_{x2} = Q/F$$

式中：Q——桩产生单位位移所需水平力，按桩与承台铰接计算：$Q=4E\times I[K_n\times D/4E\times I]^{3/4}$；

E——桩混凝土的弹性模量，本工程预应力管桩桩身混凝土C60，其弹性模量为$3.6\times10^4\text{N/mm}^2$；

I——桩身截面惯性矩，经计算得5105088062mm^4；

D——桩身直径600mm；

K_n——地基水平侧移刚度，取$1\times10^{-2}\text{N/mm}^3$；

F——为每根桩分担的地基面积，$17.82/6=2.97\text{m}^2=2970000\text{mm}^2$。

则：

$$Q = 2E \times I \times (K_n \times D/4E \times I)^{3/4}$$
$$= 2 \times 3.6 \times 10^4 \times 5105088062 \times \left(\frac{0.01 \times 600}{4 \times 3.6 \times 10^4 \times 5105088062}\right)^{3/4}$$
$$= 9981(\text{N/mm})$$

则：$C_{x2}=Q/F=9981/2970000=0.003$

8.2.3 各区段混凝土弹性模量计算

$$E_{(t)} = E_c(1 - e^{-0.09t})$$

式中：E_c——混凝土的最终弹性模量，C30 为 $3.0\times10^4\text{N/mm}^2$。

其他符号意义同上。

则：

$$E_{(3)} = 3\times10^4\times(1-e^{-0.09\times3}) = 0.71\times10^4(\text{N/mm}^2)$$

$$E_{(6)} = 3\times10^4\times(1-e^{-0.09\times6}) = 1.25\times10^4(\text{N/mm}^2)$$

$$E_{(9)} = 3\times10^4\times(1-e^{-0.09\times9}) = 1.67\times10^4(\text{N/mm}^2)$$

$$E_{(12)} = 3\times10^4\times(1-e^{-0.09\times12}) = 1.98\times10^4(\text{N/mm}^2)$$

$$E_{(15)} = 3\times10^4\times(1-e^{-0.09\times15}) = 2.22\times10^4(\text{N/mm}^2)$$

$$E_{(18)} = 3\times10^4\times(1-e^{-0.09\times18}) = 2.41\times10^4(\text{N/mm}^2)$$

8.2.4 地基约束系数

$$\beta_{(t)} = \sqrt{\frac{C_{x1}+C_{x2}}{h\cdot E_t}}$$

符号意义同上，则

$$\beta_{(3)} = \sqrt{\frac{C_{x1}+C_{x2}}{h\cdot E_3}} = \sqrt{\frac{1.3+0.003}{1150\times0.71\times10^4}} = 3.99\times10^{-4}$$

$$\beta_{(6)} = \sqrt{\frac{C_{x1}+C_{x2}}{h\cdot E_6}} = \sqrt{\frac{1.3+0.003}{1150\times1.25\times10^4}} = 3.01\times10^{-4}$$

$$\beta_{(9)} = \sqrt{\frac{C_{x1}+C_{x2}}{h\cdot E_9}} = \sqrt{\frac{1.3+0.003}{1150\times1.67\times10^4}} = 2.6\times10^{-4}$$

$$\beta_{(12)} = \sqrt{\frac{C_{x1}+C_{x2}}{h\cdot E_{12}}} = \sqrt{\frac{1.3+0.003}{1150\times1.98\times10^4}} = 2.39\times10^{-4}$$

$$\beta_{(15)} = \sqrt{\frac{C_{x1}+C_{x2}}{h\cdot E_{15}}} = \sqrt{\frac{1.3+0.003}{1150\times2.22\times10^4}} = 2.26\times10^{-4}$$

$$\beta_{(18)} = \sqrt{\frac{C_{x1}+C_{x2}}{h\cdot E_{18}}} = \sqrt{\frac{1.3+0.003}{1150\times2.41\times10^4}} = 2.17\times10^{-4}$$

8.3 自约束裂缝控制计算

大体积混凝土浇筑时，由于水化热作用，中心温度高，表面温度低，引起混凝土外部质点与内部各质点相互约束，使表面产生拉应力，内部产生压应力。由于温差产生的最大拉应力和最大压应力按下式计算：

最大拉应力： $$\sigma_t=\frac{2}{3}\cdot\frac{E_{(t)}\alpha\Delta T_i}{1-\upsilon}$$

最大压应力： $$\sigma_c=\frac{1}{3}\cdot\frac{E_{(t)}\alpha\Delta T_i}{1-\upsilon}$$

式中：$E_{(t)}$——混凝土的弹性模量；

α——混凝土热膨胀系数；

ΔT_i——混凝土截面中心与表面之间的温差；

υ——混凝土的泊松比，取 0.17。

则

1.3 天混凝土的最大拉应力和最大压应力为

$$\Delta T_3=T_{1(3)}-T_{2(3)}=28.8-18.3=10.5℃$$

$$\sigma_t=\frac{2}{3}\cdot\frac{E_{(3)}\alpha\Delta T_3}{1-\upsilon}=\frac{2}{3}\times\frac{7099\times1\times10^{-5}\times10.5}{1-0.17}$$

$$=0.6\text{N/mm}^2<[\sigma_t]=0.5\times1.5=0.75(\text{N/mm}^2)$$

$$\sigma_c=\frac{1}{3}\cdot\frac{E_{(3)}\alpha\Delta T_3}{1-\upsilon}=\frac{1}{3}\times\frac{7099\times1\times10^{-5}\times10.5}{1-0.17}$$

$$=0.3(\text{N/mm}^2)<[\sigma_c]=0.5\times15=7.5(\text{N/mm}^2)$$

2.6 天混凝土的最大拉应力和最大压应力为

$$\Delta T_6=T_{1(6)}-T_{2(6)}=22.9-15=7.9℃$$

$$\sigma_t=\frac{2}{3}\cdot\frac{E_{(6)}\alpha\Delta T_6}{1-\upsilon}=\frac{2}{3}\times\frac{12518\times1\times10^{-5}\times7.9}{1-0.17}$$

$$=0.79(\text{N/mm}^2)<[\sigma_t]=0.7\times1.5=1.05(\text{N/mm}^2)$$

$$\sigma_c=\frac{\sigma_t}{2}=0.4(\text{N/mm}^2)<[\sigma_c]=0.7\times15=10.5(\text{N/mm}^2)$$

由上述二步计算知，最大压应力远远小于混凝土在该龄期的抗压强度，下面计算中略去此项计算。

3.9 天混凝土的最大拉应力

$$\Delta T_9=T_{1(9)}-T_{2(9)}=15.7-11=4.7℃$$

$$\sigma_t=\frac{2}{3}\cdot\frac{E_{(9)}\alpha\Delta T_9}{1-\upsilon}=\frac{2}{3}\times\frac{16654\times1\times10^{-5}\times4.7}{1-0.17}$$

$$=0.63(\text{N/mm}^2)<[\sigma_t]=0.8\times1.5=1.2(\text{N/mm}^2)$$

4.12 天混凝土的最大拉应力

$$\Delta T_{12}=T_{1(12)}-T_{2(12)}=11-8.3=2.7℃$$

$$\sigma_t=\frac{2}{3}\cdot\frac{E_{(12)}\alpha\Delta T_{12}}{1-\upsilon}=\frac{2}{3}\times\frac{19812\times1\times10^{-5}\times2.7}{1-0.17}$$

$$= 0.43(\text{N/mm}^2) < [\sigma_t] = 0.84 \times 1.5 = 1.26(\text{N/mm}^2)$$

5.15 天混凝土的最大拉应力

$$\Delta T_{15} = T_{1(15)} - T_{2(15)} = 8.6 - 7 = 1.6℃$$

$$\sigma_t = \frac{2}{3} \cdot \frac{E_{(15)} \alpha \Delta T_{15}}{1-\upsilon} = \frac{2}{3} \times \frac{22223 \times 1 \times 10^{-5} \times 1.6}{1-0.17}$$

$$= 0.29(\text{N/mm}^2) < [\sigma_t] = 0.88 \times 1.5 = 1.32(\text{N/mm}^2)$$

6.18 天混凝土的最大拉应力

$$\Delta T_{18} = T_{1(18)} - T_{2(18)} = 7.4 - 6.3 = 1.1℃$$

$$\sigma_t = \frac{2}{3} \cdot \frac{E_{(18)} \alpha \Delta T_{18}}{1-\upsilon} = \frac{2}{3} \times \frac{24063 \times 1 \times 10^{-5} \times 1.1}{1-0.17}$$

$$= 0.21(\text{N/mm}^2) < [\sigma_t] = 0.92 \times 1.5 = 1.38(\text{N/mm}^2)$$

由以上计算得知，本工程混凝土按既定方式养护条件下，由于内外温差引起的自约束将不会出现裂缝。

8.4 外约束裂缝控制计算

大体积混凝土浇筑后，由于温升使体积膨胀，达到峰值 3～5d 后将持续一段时间，以后温度由外而内慢慢降低，将引起较大的温度应力。通过计算采取措施来控制过大的降温收缩应力的出现，即可控制裂缝的发生。

8.4.1 混凝土的绝热温升

计算见前。

8.4.2 各龄期混凝土收缩变形值及混凝土收缩当量温差计算

各龄期混凝土收缩变形值计算按下式：

$$\xi_{y(t)} = \xi_y^0 (1 - e^{-bt}) \times M_1 \times M_2 \times M_3 \times \cdots \times M_n$$

式中：ξ_y^0——标准状态下的最终收缩值（即极限收缩值），取 3.24×10^{-4}；

b——经验系数，取 0.01；

M_1、M_2、M_3、M_n——考虑各种非标准因素，与水泥品种细度、骨料品种、水灰比、水泥浆量、养护条件、环境相对湿度、构件尺寸、混凝土捣实方法、配筋率等有关得修正系数。查表得本例各值分别为：

$$M_1 = 1.0, M_2 = 1.35, M_3 = 1.0, M_4 = 1.62, M_5 = 1.0,$$

$$M_6 = 0.93, M_7 = 0.54, M_8 = 1.2, M_9 = 1.0, M_{10} = 0.9。$$

其他符号意义同上。

混凝土收缩当量温差计算按下式

$$T_{y(t)} = \frac{\xi_{y(t)}}{\alpha}$$

符号意义同上。

则：

$$\begin{aligned}\xi_{y(3)} &= \xi_y^0(1-e^{-0.01\times 3})\times M_1\times M_2\times M_3\times\cdots\times M_n\\ &= 3.24\times 10^{-4}(1-e^{-0.01\times 3})\times 1.0\times 1.35\times 1.0\times 1.62\\ &\quad\times 1.0\times 0.93\times 0.54\times 1.2\times 1.0\times 0.9\\ &= 0.113\times 10^{-4}\end{aligned}$$

$$T_{y(3)} = \frac{\xi_{y(3)}}{\alpha} = \frac{0.11\times 10^{-4}}{1\times 10^{-5}} = 1.13℃$$

同理：

$$\xi_{y(6)} = \xi_y^0(1-e^{-0.01\times 6})\times M_1\times M_2\times M_3\times\cdots\times M_n = 0.224\times 10^{-4}$$

$$T_{y(6)} = \frac{\xi_{y(6)}}{\alpha} = 2.24℃$$

$$\xi_{y(9)} = \xi_y^0(1-e^{-0.01\times 9})\times M_1\times M_2\times M_3\times\cdots\times M_n = 0.331\times 10^{-4}$$

$$T_{y(9)} = \frac{\xi_{y(9)}}{\alpha} = 3.31℃$$

$$\xi_{y(12)} = \xi_y^0(1-e^{-0.01\times 12})\times M_1\times M_2\times M_3\times\cdots\times M_n = 0.435\times 10^{-4}$$

$$T_{y(12)} = \frac{\xi_{y(12)}}{\alpha} = 4.35℃$$

$$\xi_{y(15)} = \xi_y^0(1-e^{-0.01\times 15})\times M_1\times M_2\times M_3\times\cdots\times M_n = 0.535\times 10^{-4}$$

$$T_{y(15)} = \frac{\xi_{y(15)}}{\alpha} = 5.35℃$$

$$\xi_{y(18)} = \xi_y^0(1-e^{-0.01\times 18})\times M_1\times M_2\times M_3\times\cdots\times M_n = 0.633\times 10^{-4}$$

$$T_{y(18)} = \frac{\xi_{y(18)}}{\alpha} = 6.33℃$$

8.4.3 各区段结构计算温差

$$\Delta T_i = T_{m(i)} - T_{m(i+3)} + T_{y(i+3)} - T_{y(i)}$$

式中：$T_{m(i)}$——i 区段平均温度起始值；

$T_{m(i+3)}$——i 区段平均温度终止值；

$T_{y(i+3)}$——i 区段收缩当量温差终止值；

$T_{y(i)}$——i 区段收缩当量温差起始值。

则

$$\Delta T_3 = T_{m(3)} - T_{m(6)} + T_{y(6)} - T_{y(3)}$$
$$= \frac{28.5+18.3}{2} - \frac{22.9+15}{2} + 2.24 - 1.13 = 5.56℃$$

$$\Delta T_6 = T_{m(6)} - T_{m(9)} + T_{y(9)} - T_{y(6)}$$
$$= \frac{22.9+15}{2} - \frac{15.7+11}{2} + 3.31 - 2.24 = 6.67℃$$

$$\Delta T_9 = T_{m(9)} - T_{m(12)} + T_{y(12)} - T_{y(9)}$$
$$= \frac{15.7+11}{2} - \frac{11+8.3}{2} + 4.35 - 3.31 = 4.74℃$$

$$\Delta T_{12} = T_{m(12)} - T_{m(15)} + T_{y(15)} - T_{y(12)}$$
$$= \frac{11+8.3}{2} - \frac{8.6+7}{2} + 5.35 - 4.35 = 2.85℃$$

$$\Delta T_{15} = T_{m(15)} - T_{m(18)} + T_{y(18)} - T_{y(15)}$$
$$= \frac{8.6+7}{2} - \frac{7.4+6.3}{2} + 6.33 - 5.35 = 1.93℃$$

$$\Delta T_{15} = T_{m(15)} - T_{m(18)} + T_{y(18)} - T_{y(15)}$$
$$= \frac{7.4+6.3}{2} - 6.33 = 0.52℃$$

8.4.4 各区段拉应力

$$\sigma_i = \overline{E}_i \cdot \alpha \cdot \Delta T_i \cdot \overline{S}_i \left[1 - \frac{1}{ch\left(\overline{\beta}_i \cdot \frac{L}{2}\right)}\right]$$

式中：$\overline{S}_i$——i 区段平均应力松弛系数，见 8-2 表；

L——混凝土最尺寸；

ch——双曲余弦函数。

$\overline{S}_i$—i 区段平均应力松弛系数表　　表 8-2

龄期 t(d)	3	6	9	12	15	18
$S_{(t)}$	0.57	0.52	0.48	0.44	0.41	0.386

其他符号意义同上。

则：

$$\sigma_3 = \overline{E}_3 \cdot \alpha \cdot \Delta T_3 \cdot \overline{S}_3 \left[1 - \frac{1}{\mathrm{ch}\left(\overline{\beta}_3 \cdot \frac{L}{2}\right)}\right]$$

$$= 0.71 \times 10^4 \times 1 \times 10^{-5} \times 5.56 \times 0.57 \times \left[1 - \frac{1}{\mathrm{ch}\left(3.99 \times 10^{-4} \times \frac{5400}{2}\right)}\right]$$

$$= 0.09(\mathrm{N/mm^2})$$

$$\sigma_6 = \overline{E}_6 \cdot \alpha \cdot \Delta T_6 \cdot \overline{S}_6 \left[1 - \frac{1}{\mathrm{ch}\left(\overline{\beta}_6 \cdot \frac{L}{2}\right)}\right]$$

$$= 1.25 \times 10^4 \times 1 \times 10^{-5} \times 6.67 \times 0.52 \times \left[1 - \frac{1}{\mathrm{ch}\left(3.01 \times 10^{-4} \times \frac{5400}{2}\right)}\right]$$

$$= 0.11(\mathrm{N/mm^2})$$

$$\sigma_9 = \overline{E}_9 \cdot \alpha \cdot \Delta T_9 \cdot \overline{S}_9 \left[1 - \frac{1}{\mathrm{ch}\left(\overline{\beta}_9 \cdot \frac{L}{2}\right)}\right]$$

$$= 1.67 \times 10^4 \times 1 \times 10^{-5} \times 4.74 \times 0.48 \times \left[1 - \frac{1}{\mathrm{ch}\left(2.6 \times 10^{-4} \times \frac{5400}{2}\right)}\right]$$

$$= 0.08(\mathrm{N/mm^2})$$

$$\sigma_{12} = \overline{E}_{12} \cdot \alpha \cdot \Delta T_{12} \cdot \overline{S}_{12} \left[1 - \frac{1}{\mathrm{ch}\left(\overline{\beta}_{12} \cdot \frac{L}{2}\right)}\right]$$

$$= 1.98 \times 10^4 \times 1 \times 10^{-5} \times 2.85 \times 0.44 \times \left[1 - \frac{1}{\mathrm{ch}\left(2.39 \times 10^{-4} \times \frac{5400}{2}\right)}\right]$$

$$= 0.04(\mathrm{N/mm^2})$$

$$\sigma_{15} = \overline{E}_{15} \cdot \alpha \cdot \Delta T_{15} \cdot \overline{S}_{15} \left[1 - \frac{1}{\mathrm{ch}\left(\overline{\beta}_{15} \cdot \frac{L}{2}\right)}\right]$$

$$= 2.22 \times 10^4 \times 1 \times 10^{-5} \times 1.93 \times 0.41 \times \left[1 - \frac{1}{\mathrm{ch}\left(2.26 \times 10^{-4} \times \frac{5400}{2}\right)}\right]$$

$$= 0.03(\mathrm{N/mm^2})$$

$$\sigma_{18} = \overline{E}_{18} \cdot \alpha \cdot \Delta T_{18} \cdot \overline{S}_{18} \left[1 - \frac{1}{\mathrm{ch}\left(\overline{\beta}_{18} \cdot \frac{L}{2}\right)}\right]$$

$$= 2.41 \times 10^4 \times 1 \times 10^{-5} \times 0.52 \times 0.386 \times \left[1 - \frac{1}{\mathrm{ch}\left(2.17 \times 10^{-4} \times \frac{5400}{2}\right)}\right]$$

$$= 0.01(\mathrm{N/mm^2})$$

8.4.5　混凝土内最大应力

$$\sigma_{\max} = \frac{1}{1-\upsilon}\sum_{i=1}^{n}\sigma_{\mathrm{i}}$$

式中：υ——泊桑比，取0.15。

$$\sigma_{\max} = \frac{1}{1-\upsilon}\sum_{i=1}^{n}\sigma_{\mathrm{i}} = \frac{1}{1-0.15} \times (0.09 + 0.11 + 0.08 + 0.04 + 0.03 + 0.01) =$$

0.42(N/mm²)混凝土抗拉强度设计值取1.5N/mm²，则抗裂安全系数：

$$K = \frac{1.5}{0.42} = 3.54 > 1.15$$

故不会产生裂缝。